电子产品生产必会技能

李宗宝

北　京

冶　金　工　业　出　版　社

2020

内 容 提 要

全书内容包括：电子产品制造工艺的整体认识，识别与检测电子元器件，手工装配焊接通孔插装元器件电子产品，通孔插装元器件的自动焊接工艺技术，印制电路板的制作工艺技术，手工装接表面贴装元件电子产品，表面贴装元器件的贴片再流焊技术，电子产品整机的成套装配工艺。

本书可供中、高职院校在校学生和从事电子产品生产的工程技术人员及对电子产品工艺感兴趣的读者学习阅读。

图书在版编目（CIP）数据

电子产品生产必会技能/李宗宝编 . —北京：冶金工业出版社，2020. 10

ISBN 978-7-5024-8627-3

Ⅰ.①电… Ⅱ.①李… Ⅲ.①电子产品—生产工艺—高等职业教育—教材 Ⅳ.①TN05

中国版本图书馆 CIP 数据核字（2020）第 201053 号

出 版 人 苏长永
地　　址 北京市东城区嵩祝院北巷 39 号 邮编 100009 电话 （010）64027926
网　　址 www.cnmip.com.cn 电子信箱 yjcbs@cnmip.com.cn
责任编辑 戈 兰 卢 敏 美术编辑 彭子赫 版式设计 禹 蕊
责任校对 石 静 责任印制 李玉山
ISBN 978-7-5024-8627-3
冶金工业出版社出版发行；各地新华书店经销；北京建宏印刷有限公司印刷
2020 年 10 月第 1 版，2020 年 10 月第 1 次印刷
169mm×239mm；10.75 印张；207 千字；159 页
52.00 元

冶金工业出版社 投稿电话 （010）64027932 投稿信箱 tougao@cnmip.com.cn
冶金工业出版社营销中心 电话 （010）64044283 传真 （010）64027893
冶金工业出版社天猫旗舰店 yjgycbs.tmall.com
（本书如有印装质量问题，本社营销中心负责退换）

前　言

掌握电子产品生产工艺相关技能是从事电子技术相关工作人员必备的技能。这些技能包括：熟知常用电子元器件的性能和技术指标，能够使用常用的电子测量仪器和检测设备对其进行测试和质量检查，掌握通用电子产品的装配焊接方法，会对典型的电子产品生产设备进行操作和维护，能根据电子产品的电原理图进行产品加工工艺方案的制定，能对产品进行功能和技术指标的测试，能够进行生产车间的工艺和技术管理，还要有强烈的安全意识、环保意识、质量意识和成本意识，具有创新和团队合作精神，养成良好的电子行业职业道德，为从事电子产品工艺工作打下坚实的基础。

本书是针对电子产品工艺和生产人员所从事的能够识读电子产品工艺文件、电子元器件的分拣与测试、印制电路板的制作、电子电路板的装配焊接、电子生产设备的操作维护、电子产品整机的装配调试、整机的质检等典型工作任务，分析归纳出的电子产品生产、组装、调试、检测、维修等能力要求。

为适应工艺技术的新发展，本书以满足电子生产企业生产一线高技术岗位所需相关的工艺知识和工艺技能为目标，以现代电子产品生产过程和典型工作任务为主线，阐述了职业院校学生具备高素质技术技能人才所必需的电子产品生产工艺知识、技能和职业素养。全书包括8个技能：技能一是对电子产品制造工艺的整体认识，技能二是识别与检测电子元器件，技能三是手工装配焊接通孔插装元器件电子产品，技能四是通孔插装元器件的自动焊接工艺技术，技能五是印制电路板的制作工艺技术，技能六是手工装接表面贴装元件电子产品，技能七是表面贴装元器件的贴片再流焊技术，技能八是电子产品整机的成套装配工艺。

　　本书由大连职业技术学院李宗宝撰写，俞凌娣审稿，大连职业技术学院资助出版。在此，对书后参考文献所列的各位作者表示真诚感谢。鉴于作者水平、经验有限，书中疏漏恳请广大读者批评指正。

作　者

2020 年 3 月

目　录

1 电子产品制造工艺的整体认识 ………………………………………… 1

1.1 电子产品制造工艺技术的发展 ……………………………………… 1

1.1.1 电子产品制造工艺技术的发展概况 ……………………… 1

1.1.2 电子产品制造工艺技术的发展方向 ……………………… 2

1.2 电子产品制造的基本工艺 …………………………………………… 2

1.2.1 电子产品制造的分级和装联工艺 ………………………… 2

1.2.2 电子产品制造的工艺流程 ………………………………… 3

1.3 电子产品制造的生产防护 …………………………………………… 4

1.3.1 防静电符号标识 …………………………………………… 4

1.3.2 电子产品生产中防静电的措施 …………………………… 5

1.4 电子产品制造的可靠性试验 ………………………………………… 5

1.5 产品认证 ……………………………………………………………… 7

1.5.1 国外产品认证 ……………………………………………… 8

1.5.2 中国强制认证（3C） ……………………………………… 9

2 识别与检测电子元器件 ………………………………………………… 11

2.1 识别与检测电阻器 …………………………………………………… 11

2.1.1 识别色环电阻 ……………………………………………… 11

2.1.2 识别片状电阻 ……………………………………………… 12

2.1.3 识别电位器 ………………………………………………… 13

2.1.4 检测电阻器 ………………………………………………… 13

2.2 识别与检测电容器 …………………………………………………… 14

2.2.1 识别电容器外观标注 ……………………………………… 14

2.2.2 识别可变电容器 …………………………………………… 15

2.2.3 检测电容器的质量 ………………………………………… 15

2.3 识别与检测电感器 …………………………………………………… 16

2.3.1 识别电感线圈外观标志 …………………………………… 16

2.3.2 识别常见电感器 …………………………………………… 17

　　2.3.3　检测电感器 ·· 18

2.4　识别与检测二极管 ·· 19

　　2.4.1　识别常用二极管 ·· 19

　　2.4.2　识别二极管的极性 ·· 20

　　2.4.3　检测二极管的质量 ·· 20

2.5　识别与检测三极管 ·· 20

　　2.5.1　识别常见的晶体三极管 ······································ 20

　　2.5.2　检测晶体三极管 ·· 22

2.6　识别与检测电声器件 ·· 23

　　2.6.1　传声器的识别 ·· 23

　　2.6.2　扬声器的识别 ·· 25

2.7　识别与检测半导体集成电路 ·· 27

　　2.7.1　识别集成电路封装与引脚 ···································· 27

　　2.7.2　检测集成电路的方法 ·· 28

2.8　识别与检测开关 ·· 28

　　2.8.1　识别开关 ·· 28

　　2.8.2　检测开关 ·· 30

2.9　识别接插件 ·· 31

　　2.9.1　识别接插件 ·· 31

　　2.9.2　检测接插件 ·· 35

2.10　实战检验：调幅收音机元器件的识别与检测 ····················· 35

　　2.10.1　明确任务要求 ··· 35

　　2.10.2　识别各种元器件 ··· 35

　　2.10.3　用万用表检测各种元器件的好坏 ····························· 36

3　手工装配焊接通孔插装元器件电子产品 ································· 38

3.1　焊接材料与工具 ·· 38

　　3.1.1　焊接材料 ·· 38

　　3.1.2　常用焊接工具 ·· 40

　　3.1.3　常用五金工具 ·· 43

3.2　元器件引线的成型工艺 ·· 43

　　3.2.1　元器件引线的成型 ·· 43

　　3.2.2　元器件引线的搪锡 ·· 44

3.3　导线的加工处理工艺 ·· 44

　　3.3.1　绝缘导线的加工工艺 ·· 44

3.3.2　线扎的成形加工工艺 ……………………………………………… 45

3.4　通孔插装电子元器件的插装工艺 ……………………………………… 50

3.4.1　元器件插装的形式 …………………………………………………… 50

3.4.2　安装典型件 …………………………………………………………… 51

3.5　通孔插装电子元器件手工焊接工艺 …………………………………… 52

3.5.1　手工焊接的操作要领 ………………………………………………… 52

3.5.2　手工焊接操作的步骤 ………………………………………………… 53

3.5.3　焊点质量的基本要求 ………………………………………………… 54

3.5.4　手工焊接的工艺要求 ………………………………………………… 54

3.5.5　手工焊接通孔插装电子元器件 ……………………………………… 55

3.5.6　焊接导线工艺 ………………………………………………………… 55

3.6　分析手工焊接质量缺陷 ………………………………………………… 57

3.6.1　焊点的质量要求 ……………………………………………………… 57

3.6.2　焊接质量缺陷分析 …………………………………………………… 58

3.7　手工拆焊技能 …………………………………………………………… 60

3.7.1　手工拆焊技术 ………………………………………………………… 60

3.7.2　拆焊方法 ……………………………………………………………… 60

3.8　实战检验：调幅收音机的手工装配焊接 ……………………………… 63

3.8.1　明确任务要求 ………………………………………………………… 63

3.8.2　进行元器件引线成型 ………………………………………………… 65

3.8.3　进行元器件的插装焊接 ……………………………………………… 65

4　通孔插装元器件的自动焊接工艺技术 ……………………………………… 67

4.1　浸焊工艺技术 …………………………………………………………… 67

4.1.1　手工浸焊工艺 ………………………………………………………… 67

4.1.2　自动浸焊工艺 ………………………………………………………… 69

4.1.3　浸焊工艺中需要的注意事项 ………………………………………… 69

4.1.4　浸焊的优缺点 ………………………………………………………… 69

4.2　波峰焊工艺技术 ………………………………………………………… 70

4.2.1　波峰焊的原理 ………………………………………………………… 70

4.2.2　波峰焊工艺过程 ……………………………………………………… 70

4.2.3　波峰焊工艺要求 ……………………………………………………… 72

4.3　波峰焊机的操作 ………………………………………………………… 75

4.3.1　认识常见的波峰焊机 ………………………………………………… 75

4.3.2　波峰焊机的操作步骤 ………………………………………………… 77

4.4　波峰焊接质量缺陷 ·· 78

4.5　实战检验：双声道音响功放电路板波峰焊接 ······················ 80

4.5.1　明确任务要求 ··· 80

4.5.2　插装通孔插装元器件 ·· 82

4.5.3　准备波峰焊接设备 ··· 82

4.5.4　实施波峰焊接 ··· 83

5　印制电路板的制作工艺技术 ·· 84

5.1　印制电路板 ··· 84

5.1.1　印制电路板的特点 ··· 84

5.1.2　印制电路板的分类 ··· 84

5.1.3　印制电路板的组成及常用术语 ································· 85

5.2　手工制作印制电路板的工艺方法 ··· 86

5.3　印制电路板的生产工艺技术 ··· 88

5.3.1　内层板生产步骤 ··· 88

5.3.2　内层线路板压合 ··· 89

5.3.3　内层线路板钻孔 ··· 90

5.3.4　内层线路板镀铜 ··· 90

5.3.5　外层线路板成型 ··· 91

5.3.6　多层板后续处理流程 ··· 91

5.4　实战检验：用描图法手工制作直流稳压电源印制电路板 ·········· 92

5.4.1　制作要求 ··· 93

5.4.2　电路板手工制作过程 ··· 93

6　手工装接表面贴装元件电子产品 ·· 95

6.1　表面贴装技术 ·· 95

6.2　表面贴装元器件 ··· 95

6.2.1　表面贴装电阻器 ··· 95

6.2.2　表面贴装电容器 ··· 98

6.2.3　表面贴装电感器 ··· 100

6.2.4　表面贴装二极管 ··· 101

6.2.5　表面贴装三极管 ··· 101

6.2.6　表面贴装集成电路 ·· 102

6.3　表面贴装工艺材料 ··· 106

6.3.1　锡膏的组成 ··· 106

6.3.2　锡膏重要特性 …………………………………… 106

6.4　手工装接表面贴装元器件 ………………………………… 107

6.5　手工拆焊 SMC 元器件技巧 ……………………………… 110

6.5.1　拆焊 SMC 元件的方法 …………………………… 110

6.5.2　拆焊四方扁平集成块的方法 …………………… 110

6.6　BGA 的修复性植球技术 ………………………………… 112

6.7　实战检验：贴片调频收音机手工装接 ………………… 113

6.7.1　明确任务 …………………………………………… 113

6.7.2　进行电路板的手工装接 ………………………… 113

7　表面贴装元器件的贴片再流焊技术 ……………………… 116

7.1　表面贴装元器件的贴焊工艺 …………………………… 116

7.1.1　表面贴装技术 …………………………………… 116

7.1.2　表面贴装技术工艺分类 ………………………… 116

7.1.3　SMT 再流焊工艺流程 …………………………… 118

7.2　印刷锡膏工艺 …………………………………………… 119

7.2.1　再流焊工艺的焊料供给方法 …………………… 120

7.2.2　锡膏印刷技术 …………………………………… 120

7.2.3　印刷质量分析 …………………………………… 122

7.3　贴片工艺技术 …………………………………………… 123

7.3.1　认识贴片机工作方式 …………………………… 124

7.3.2　认识贴片机的主要结构 ………………………… 125

7.3.3　认识贴片机的主要指标 ………………………… 128

7.3.4　元器件贴装偏差控制与高度控制 ……………… 129

7.3.5　SMT 贴片工艺品质分析 ………………………… 131

7.4　再流焊工艺技术 ………………………………………… 131

7.4.1　再流焊的温度工艺要求 ………………………… 132

7.4.2　认识再流焊机的结构与工作过程 ……………… 133

7.4.3　再流焊设备的种类与加热方法 ………………… 135

7.5　分析再流焊质量缺陷 …………………………………… 138

7.6　实战检验：贴片 FM 收音机表面贴装再流焊 ………… 142

7.6.1　明确任务 …………………………………………… 142

7.6.2　进行表面贴装电子元器件的装焊 ……………… 142

8　电子产品整机成套装配工艺 …………………………… 144

8.1　认识电子产品整机组装工艺过程 ……………………… 144

8.1.1　电子产品整机装配工艺流程 ………………………………… 144

8.1.2　产品加工生产流水线 …………………………………………… 145

8.2　电子产品整机的调试工艺 …………………………………………… 146

8.2.1　整机调试的步骤 ………………………………………………… 146

8.2.2　调试的过程 ……………………………………………………… 147

8.3　电子产品整机的质检 ………………………………………………… 147

8.3.1　整机检验的方法 ………………………………………………… 147

8.3.2　验收检验的内容 ………………………………………………… 147

8.4　识读与编制电子工艺文件 …………………………………………… 148

8.4.1　电子产品工艺文件的作用 ……………………………………… 148

8.4.2　电子产品工艺文件的分类 ……………………………………… 149

8.4.3　电子产品工艺文件的成套性 …………………………………… 150

8.4.4　典型岗位作业指导书的编制 …………………………………… 151

8.5　实战检验：数字万用表整机装配调试 ……………………………… 152

8.5.1　明确任务 ………………………………………………………… 152

8.5.2　整机装配的工艺设计 …………………………………………… 155

8.5.3　进行元器件的检测与准备 ……………………………………… 155

8.5.4　进行电路板的装配焊接 ………………………………………… 156

8.5.5　进行整机的装配 ………………………………………………… 156

参考文献 ……………………………………………………………………… 159

1 电子产品制造工艺的整体认识

现代生活中电子产品的使用无处不在，家用电子产品也很多，常用的有电视机、冰箱、洗衣机、热水器、空调机、电饭煲、电磁炉、扫地机等。这些家用的电子产品是怎么制造出来的，制造的流程和工艺有哪些？你对电子产品制造的过程和工艺首先要有一个大概的整体了解。

1.1 电子产品制造工艺技术的发展

1.1.1 电子产品制造工艺技术的发展概况

电子产品制造工艺技术的发展是伴随着电子技术的发展而发展来的，电子产品的装联工艺是建立在器件封装形式变化的基础上的。20 世纪 40 年代，随着晶体管的诞生及印制电路板的研制成功，人们开发出了将通孔插装元件直接焊接在印制电路板上的装联工艺，使电子产品结构变得紧凑、体积开始缩小。到了 20 世纪 50 年代，世界上第一台波峰焊接机研制成功，采用波峰焊接技术实现了通孔插装组件的自动焊接。20 世纪 60 年代，人们开发出无引线电子元器件，即贴片元器件，将其直接焊接到印制电路板的表面，电子产品的装联进入到表面贴装技术（SMT）。

随着电子元器件小型化、高集成度的发展，电子产品装联工艺技术经历了手工、半自动插装浸焊、全自动插装波峰焊和 SMT 四个阶段，目前 SMT 正向微组装方向的第五阶段发展。电子产品制造工艺技术的发展阶段分为电子管时代、晶体管时代、集成电路时代、表面安装时代、微组装时代。

第一阶段，20 世纪 50 年代前，元件引线长、体积大、电压高，那时是电子管器件，采用电子管座封装形式，主要采用扎线、配线分立元件、分立走线、金属底板、手工烙铁焊接的组装技术。

第二阶段，20 世纪 60 年代，元件为小型化轴向引线，主要器件是晶体管，采用有引线、金属壳封装，主要采用分立元件、单面印制板、平面布线、半自动插装、浸焊的组装技术。

第三阶段，20 世纪 70 年代，元器件主要为径间引线元件或可编带的轴向引线元件和单、双列直插集成电路，采用双列直插式金属、陶瓷、塑料封装，主要采用双面印刷板、初级多层板、自动插装、浸焊、波峰焊的组装技术。

第四阶段，20 世纪 80、90 年代，元器件主要为表面安装元器件、大规模、超大规模集成电路，封装形式为表面封装器件、BGA、CSP 等，主要采用自动贴装、回流焊、波峰焊的 SMT 组装技术。

第五阶段，进入 21 世纪，元器件主要有复合表面装配、三维结构元件、无源与有源的集成混合元件、三维立体组件，封装为晶圆级封装（WLP）和系统级封装（SIP），主要采用 SMT 与 IC、HIC 结合，多晶圆键合的微组装技术。

1.1.2　电子产品制造工艺技术的发展方向

按照电子产品制造工艺技术的发展可大体分为通孔插装技术（THT）、表面安装技术（SMT）、微电子组装技术（microelectronics packaging technology 或 microelectronics assembling technology，MPT 或 MAT）。通孔插装技术现在还在使用，但随着电子产品的小型化、微型化、薄形化、智能化的需要，通孔插装技术应用的越来越少。表面安装技术大大缩小了印制电路板的面积，提高了电路的可靠性，是目前广泛采用的装联技术。随着集成电路功能的增加，其 I/O 引脚数量必然增加，为了获取更小的封装面积，集成电路组装技术已向元器件级、芯片级深入，MPT 是芯片级的组装。

微电子组装技术主要有 3 个研究方向：一是基片技术，即研究微电子线路的承载、连接方式，它直接导致了厚/薄膜集成电路的发展和大圆片规模集成电路的提出，并为芯片直接贴装（DCA）技术和多芯片组件（MCM）技术打下基础；二是芯片直接贴装技术，包括多种把芯片直接贴装到基片上以后进行连接的方法；三是多芯片组件技术，包括二维组装和三维组装等多种组件方式。这三个研究方向是共同促进，相辅相成的。

1.2　电子产品制造的基本工艺

1.2.1　电子产品制造的分级和装联工艺

在电子产品制造过程中，根据装配单位的大小、复杂程度和特点的不同，可将电子产品制造分成不同的等级。元件级是指通用电子元器件、分立元器件、集成电路等的装配，是装配级别中的最低级别。插件级是指组装和互连装有元器件的印制电路板或插件板等。系统级是将插件级组装件，通过连接器、电线电缆等组装成具有一定功能的完整的电子产品整机系统。系统级又可根据电子产品的设备规模分为插箱板级和箱柜级。

电子产品制造的装联工艺分为装联前准备阶段、电路板组装阶段和整机装配阶段。在装联前准备阶段主要有元器件、电路板的可焊性测试，元器件引线的预处理（引线的搪锡、成型）、导线的端头处理、电路板的复验和预处理工艺；在电路板组装阶段主要有通孔插装、表面安装、混合安装、手工焊接、波峰焊接、回流焊接工艺；在整机装配阶段主要有螺纹连接与止动的机械安装，焊接、压接、绕接、胶接的电气互联，电缆组装件制作、防护与加固等工艺。

1.2.2 电子产品制造的工艺流程

一般电子产品的生产业务流程是从采购元件到给客户提供产品的整个过程。电子产品的装配过程是先将零件、元器件组装成部件，再将部件组装成整机。具体电子产品的生产工艺流程如图 1-1 所示。

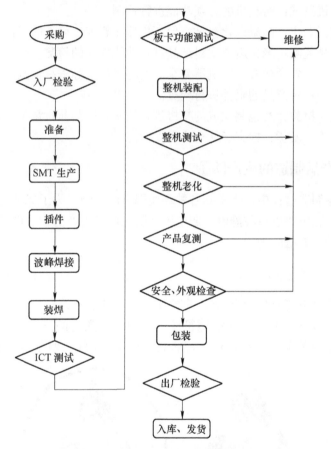

图 1-1　电子产品生产的工艺流程

（1）采购：采购物料。

（2）入厂检验：抽检入厂部品，保证入厂产品的质量。

（3）准备：使元件插装方便，排列整齐，提高产品质量及后道工序工作效率。

（4）SMT 生产：贴片生产，检查 SMT 贴片质量并进行修补。

（5）插件：将元件按具体工艺要求插装到规定位置。

（6）波峰焊接：将插装件进行波峰焊接。

（7）装焊：波峰焊接后剪脚，检查修复波峰焊接不良焊点及对无法进行波峰焊接的元件进行手工补焊。

（8）ICT测试：针床测试，部品的各引脚电压、焊接状况的测试。

（9）板卡功能测试：对电路板的各项功能进行模拟测试。

（10）整机装配：进行整机装配。

（11）整机测试：对整机的各项功能进行检测。

（12）整机老化：高温老化测试，保证机器在恶劣环境下的工作质量。

（13）产品复测：老化后再次对产品进行功能操作的检测。

（14）安全、外观检查：对机器安全方面的各项指标进行检测。

（15）包装：对产品的附件进行检查。

（16）出厂检验：对包装完成的整机进行抽检，以判断批量生产是否合格。

（17）入库、发货：检查确认合格后发货。

1.3　电子产品制造的生产防护

电子产品制造过程中，会受到各种环境因素的影响，为了保证电子产品的质量，在生产过程中要进行防静电、防电磁、防潮湿等生产防护。电子产品生产制造的主要防护是静电防护。

1.3.1　防静电符号标识

常见的防静电符号标识有 ESD 敏感符号和 ESD 防护符号。

（1）ESD 敏感符号。ESD 敏感符号是使用一个黑色的三角形内有一斜杠跨越的手，用于表示容易受到 ESD 损害的电子元件或组件，如图 1-2a 所示。

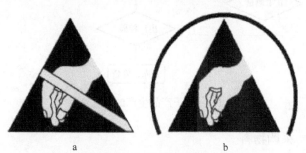

图 1-2　防静电标识

a—ESD 敏感符号；b—ESD 防护符号

（2）ESD 防护符号。ESD 防护符号比 ESD 敏感符号外面多一个圆弧，但没有斜杠跨越只有手，如图 1-2b 所示。它用于表示被设计为对 ESD 敏感元件或设备提供 ESD 防护的器具。

防静电材料一般情况下为黑色，但并不是所有防静电材料都是黑色的。没有 ESD 警告标识未必就意味着该组件不是 ESD 敏感组件。当一组件的静电敏感性不确定时，必须将其视为静电敏感组件处理。

1.3.2 电子产品生产中防静电的措施

电子产品生产中防静电的措施主要包括以下几个方面：

（1）防止静电的产生：1）可增加空气湿度（30%～70%）；2）采用抗静电材料，采用防静电包装袋、周转箱、包装箱、工作台；3）将导电性物体接地；4）绝缘性物体离子中和。

（2）进行静电泄放：1）进行接地放电，如防静电手腕带、防静电台垫（地垫）、电源采用三相四线制，生产线体、工作桌面、设备、工作服、电动工具充分接地；2）进行尖端放电，如无线手环、避雷针；3）进行静电中和。

（3）进行静电屏蔽：1）加装一个接地的金属网罩，可以隔离内外电场的相互影响，高压设备外围可设置金属网罩，电子仪器外面可安装金属外壳；2）避免静电敏感元件或电路板与塑料制品或工具放在一起。

静电防护工作是一项系统工程。任何环节的失误或疏漏，都会导致静电防护工作的失败，更不能存在侥幸心理，要时刻保持警惕，检查各项防护措施是否有疏漏。

1.4　电子产品制造的可靠性试验

电子产品的可靠性，是指"电子产品在规定的条件下和规定的时间内达到规定功能的能力"。检验电子产品的可靠性，通常是通过对电子产品进行可靠性试验来完成的，主要包括环境实验、寿命试验、特殊实验和现场使用实验。

（1）环境试验。电子产品在储存、运输和使用过程中，经常受到周围的各种环境因素的影响，影响电子产品的环境因素有气候环境因素、机械因素、电磁干扰因素、生物环境因素。气候环境因素主要包括温度、湿度、气压、日照、烟雾大气污染等因素，主要影响有电气性能下降、温度升高、运动部位不灵活、结构损坏甚至不能正常工作。机械因素是指电子产品在运输、使用过程中受到的振动、冲击等机械作用，对电子产品都会有影响，使元器件损坏、电参数改变、结构件断裂或变形等。电磁干扰因素是指来自空间的电磁干扰、来自大气层的闪电、工业和民用设备所产生的无线电能量释放及生活中的静电等。电磁干扰随时可能造成电子产品的工作不稳定，使其性能降低甚至功能失效。生物环境因素是指电子产品在使用、运输过程中，受到包括霉菌、昆虫和动物等生物环境因素的影响。

　　为了通过试验验证环境因素对电子产品造成的影响，我国现行的国家标准对电工电子产品环境试验做出了规定。《电工电子产品环境试验　概述和指南》（GB/T 2421.1—2008）、《电工电子产品环境试验设备检验方法　第1部分：总则》（GB/T 5170.1—2016）、《电工电子产品环境试验设备检验方法　第5部分：湿热试验设备》、（GB/T 5170.5—2016）、《电工电子产品环境试验　第2部分：试验方法　试验A：低温》、（GB/T 2423.1—2008）《电工电子产品环境试验　湿热试验导则》（GB/T 2424.2—2005）等多个国家电子产品环境试验标准规定了包括高低温、恒定湿热、交变湿热、冲击、碰撞、倾跌与翻倒、自由跌落、振动、稳态加速度、长霉、盐雾、低气压及腐蚀等试验的方法。按照《电工电子产品环境试验　第2部分：试验方法　试验A：低温》（GB/T 2423.1—2008）等多个国家标准规定的环境试验方法和试验标准进行电子产品的实验室模拟环境试验，主要包括以下几种：

　　1）机械环境试验：模拟电子产品在运输（包装状态）过程中和使用（非包装状态）过程中所受到的机械力作用影响的性能变化。机械环境试验主要包括冲击、振动、跌落、弹跳、摇摆、噪声、恒定加速、堆码、模拟运输等。

　　2）气候环境试验：针对电子产品在储存或工作中的气候环境模拟的试验，包括温度、湿度、气压和淋雨等。温度试验分为高温、低温、温度循环、快速温变、温度冲击等；温湿度试验分为高温高湿、高温低湿、低温低湿、温湿度循环；气压试验为气压高度试验；淋雨试验分为淋雨试验、积冰、冻雨试验等。

　　3）生物、化学环境试验：模拟产品在存储、运输和使用中遭受的化学和霉菌环境影响的性能变化。生物环境条件包括霉菌、昆虫和动物等；化学活性物质环境条件包括盐雾、臭氧、二氧化硫等。

　　4）电气环境条件试验：模拟产品在存储、运输和使用中遭受雷电和电磁场的作用影响的性能变化。

　　（2）寿命试验。电子产品的寿命是指它能够完成某一特定功能的时间。在日常生活中电子产品的寿命可以从三个角度来认识。第一，产品的期望寿命。它与产品的设计和生产过程有关，可以通过寿命试验获得产品寿命的统计学数据。第二，产品的使用寿命。它与产品的使用条件、用户的使用习惯和是否规范操作有关，使用寿命的长短，往往与某些意外情况是否发生有关。第三，产品的技术寿命。新技术的出现使老产品被淘汰，即使老产品在物理上没有损坏、电气性能上没有任何毛病，也失去了存在的意义和使用的价值。IT行业公认的摩尔定律是成立的，它决定了产品的技术寿命。

　　寿命试验是评价和分析产品寿命特征的试验，通过统计产品在试验过程中的失效率及平均寿命等指标来表示。寿命试验分为全寿命、有效寿命和平均寿命试验。全寿命是指产品一直用到不能使用的全部时间；有效寿命是指产品并没有损坏，只是性能指标下降到了一定程度（如额定值的70%）；平均寿命主要是针对整机产品的平均无故障工作时间（*MTBF*），是对试验的各个样品相邻两次失效之间工作时间的平均值，简单理解就是产品寿命的平均值，*MTBF* 是描述产品寿命最常用的指标。寿命试验是在实验室中模拟实际工作状态或储存状态，投入一定量的样品进行试验，记录样品数量、试验条件、失效个数、失效时间等，进行统计分析，从而评估产品的可靠性特征值。

（3）特殊试验。特殊试验是使用特殊的仪器对产品进行试验和检查，主要有以下几种：

1）红外线检查：用红外线探头对产品局部的过热点进行检测，发现产品的缺陷。

2）X射线检查：使用X射线照射方法检查被测对象，如检查线缆内部的缺陷，发现元器件或整机内部有无异物等。

3）放射性泄漏检查：使用辐射探测器检查元器件的漏气率。

（4）现场使用试验。现场使用试验是最符合实际情况的试验，有些电子设备，不经过现场的使用就不允许大批量地投入生产。所以，通过产品的使用履历记载，就可以统计产品的使用和维修情况，提供最可靠的产品实际无故障工作时间。

1.5 产品认证

一个产品提供给消费者，消费者如何确定这个产品是否是合格产品，质量如何得到保障，消费者是通过产品的认证标志来确定的。电子产品也属于产品，产品认证适用于电子产品。

世界上许多国家或地区都建立了比较完整的产品认证体系，有些是政府立法强制的，也有些获得了消费者的全面认可。如果进入这个国家或地区的产品，已经获得该国家或地区的产品认证，贴有指定的认证标志，就等于获得了安全质量信誉卡，该国的海关、进口商，消费者对其产品就能够广泛地予以接受。因为，贴有认证标志的产品，表明是经过公证的第三方证明完全符合标准和认证要求的。特别是对于欧美发达国家的消费者来说，带有认证标志的产品会给予他们高度的安全感和信任感，他们只信赖或者只愿意购买带有认证标志的产品。

在国际贸易流通领域中，产品认证也给生产企业和制造商带来许多潜在的利益。首先，认证企业从申请开始，就依据认证机构的要求自觉执行规定的标准并进行质量管理，主动承担自身的质量责任，对生产全过程进行控制，使产品更加安全和可靠，大大减少了因产品不安全所造成的人身伤害，保证了消费者的利益；其次，产品所加贴的安全认证标志在消费者心中的可信度，引导消费者放心购买，促进了产品销售，从而给销售商及生产企业带来更大的利润；再次，企业的产品通过其他国家或地区的认证，贴有出口国的认证标志，有利于提高出口产品在国际市场的地位，有利于在国际市场上公平、自由竞争，成为全球范围内消除贸易技术壁垒的有效手段。

1.5.1　国外产品认证

国外产品认证主要有以下几种：

（1）美国 UL 认证。UL 是美国保险商实验室联合公司的英文缩写，是美国的安全认证标志。1958 年，UL 被美国主管部门承认为产品认证机构，并规定认证产品上要有 UL 标志。UL 认证标志如图 1-3 所示。UL 认证是自愿性的，但一直被广大消费者认可。在美国市场销售的涉及安全的产品如果佩有 UL 标志，就成为消费者购买产品的首要选择。UL 标志给予了消费者安全感。

（2）欧洲 CE 认证。CE 是法语"欧洲合格认证"的缩写，也代表"欧洲统一"的意思，是欧洲共同体的认证标志。欧盟法律明确规定 CE 属强制性认证，CE 标志是产品进入欧盟的"通行证"。不论是欧盟还是其他国家的产品，在欧盟市场上自由流通，必须加贴 CE 标志。CE 标志是安全合格标志而非质量合格标志。CE 标志应加贴在产品铭牌上，当产品本体不适于标识时，可加贴到产品的包装上。缩小或放大 CE 标志，应遵守规定比例。CE 标志各部分的垂直尺寸必须基本相同，不得小于 5mm。CE 标志必须清晰可辨、不易擦掉。图 1-4 所示的是 CE 认证标志。

图 1-3　UL 认证标志

图 1-4　CE 认证标志

（3）德国 GS 认证。GS 是欧洲市场公认的安全认证标志，意为"德国安全"。GS 认证是以德国产品安全法为依据、按照欧盟统一标准或德国工业标准进行检测的一种自愿性认证，是欧洲市场公认的德国安全认证标志。和 CE 不同的是，GS 标志并没有法律强制要求。图 1-5 所示的是 GS 认证标志，适用于依据设备安全法规制造的专门设备及整机产品。

（4）加拿大 CSA 认证。CSA 是加拿大标准协会的缩写。CSA 成立于 1919年，是加拿大首家制定工业标准的非营利性机构，目前是加拿大最大的安全认证机构，也是世界上最著名的安全认证机构之一。CSA 标志是世界上知名的产品安全认可标志之一。图 1-6 所示的是 CSA 标志。CSA 对电子、电气、机械、办公设备、建材、环保、太阳能、医疗防火安全、运动及娱乐等方面的各类型产品提供安全认证。

图 1-5　GS 认证标志　　　　　　　图 1-6　CSA 认证标志

1.5.2　中国强制认证（3C）

3C 是中国强制认证（China compulsory certification）的简称，由 3 个"C"组成的图案也是强制性产品认证的标志，如图 1-7 所示。范围涉及人类健康和安全、动植物生命和健康、环境保护与公共安全的部分产品，由国家认证认可监督管理委员会统一以目录的形式发布，同时确定统一的技术法规、标准和合格评定程序、产品标志及收费标准。

图 1-7　3C 认证标志

a——一般认证标志；b—安全认证标志；c—电磁兼容类认证标志；

d—消防认证标志；e—安全与电磁兼容认证标志

（1）3C 认证的背景及意义。我国加入 WTO 后，为履行有关承诺，在产品认证认可管理方面实施"四个统一"，即统一目录、统一标准（技术法规、合格评定程序）、统一认证标志、统一收费。中国强制认证（3C 认证）应运而生，使强制性产品认证真正成为政府维护公共安全、维护消费者利益、打击伪劣产品和欺诈活动的工具。3C 也是一种产品准入制度，凡列入强制产品认证目录内的、未获得强制认证证书或未按规定加贴认证标志的产品，一律不得出厂、进口、销售和在经营服务场所使用。

（2）3C 认证的管理。我国由国务院授权国家认证认可监督管理委员会（CNCA）负责强制性产品认证制度的建立、管理和组织实施，由政府的标准化部门负责制定技术法规，通过对产品本身及其制造环节的质量体系进行检查，评价产品是否符合技术法规及标准的要求，以确定产品是否可以生产、销售经营和使用。经国家质检总局和国家认证认可监督管理委员会批准，中国质量认证中心（CQC）成为第一个承担国家强制性产品认证工作的机构，接受并办理国内外企业的认证申请、实施认证并发放证书。

（3）3C 认证的流程：

1）申请人提出认证申请。申请人通过互联网或代理机构填写认证申请表。认证机构对申请资料评审，向申请人发出收费通知和送交样品通知；申请人支付认证费用；认证机构向检测机构下达测试任务；申请人将样品送交指定检测机构。

2）产品型式试验。检测机构按照企业提交的产品标准及技术要求，对样品进行检测与试验；型式试验合格后，检测机构出具型式试验报告，提交认证机构评定。

3）工厂质量保证能力检查。对初次申请 3C 认证的企业，认证机构向生产厂发出工厂检查通知，向认证机构工厂检查组下达工厂检查任务；检查人员要到生产企业进行现场检查、抽取样品测试、对产品的一致性进行核查；工厂检查合格后，检查组出具工厂检查报告，对存在的问题由生产厂整改，检查人员验证；检查组将工厂检查报告提交认证机构评定。

4）批准认证证书和认证标志。认证机构对认证结果做出评定，签发认证证书，准许申请人购买并在产品加贴认证标志。

5）获证后监督。认证机构对获证生产工厂的监督每年不少于一次（部分产品生产工厂每半年一次）；认证机构对检查组递交的监督检查报告和检测机构递交的抽样检测试验报告进行定评定，评定合格的企业继续保持证书。

对电子产品制造的整体认识是对电子产品生产的相关内容有一个大概的整体认识，为后面学习掌握各种技能涉及的工艺流程的不同环节有一个整体的把握，提高学习各种工艺技能的自觉性和吸引力。

2 识别与检测电子元器件

电子元器件是构成电子产品最基本的要素，我们打开任何电子产品，都会看到其内部的电路板上都布满着各种电子元器件。对电子元器件的准确识别与检测是电子产品生产工艺的基础。

2.1 识别与检测电阻器

2.1.1 识别色环电阻

色环电阻是用色环代替数字在电阻器的表面标出标称阻值和允许偏差的方法，叫色标法。色标法的优点是标志清晰，易于看清，而且与电阻的安装方向无关。色标法有四环和五环两种，五环电阻精度高于四环电阻精度，阻值单位为Ω。第一位色环比较靠近电阻体的端头，最后一位与前一位的距离比前几位间的距离稍远些。色环电阻各环的意义如图 2-1 所示。

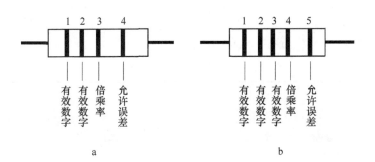

图 2-1　色环电阻各环的意义

a—四环电阻；b—五环电阻

四环电阻第一、二位色环表示阻值的有效数字，第三位色环表示阻值的倍乘率，第四位色环表示阻值允许误差。五环电阻第一、二、三位色环表示阻值的有效数字，第四位色环表示阻值的倍乘率，第五位色环表示阻值允许误差。色环一般采用棕、红、橙、黄、绿、蓝、紫、灰、白、黑、金、银、无色表示，它们的意义见表 2-1。例如，四环电阻红红黄金和五环电阻棕绿红橙绿表示的阻值及偏差如图 2-2 所示。需要注意的是：第一位色环和第二位色环不可能为金色和银色，在识读色环电阻时一定要确定好第一位，不能头尾颠倒，否则就会识读错误。

表 2-1　色环电阻器上色环的意义

四 环 电 阻					五 环 电 阻					
颜色	第一位有效数字	第二位有效数字	倍乘率	允许误差/%	颜色	第一位有效数字	第二位有效数字	第三位有效数字	倍乘率	允许误差/%
棕色	1	1	10^1		棕色	1	1	1	10^1	±1
红色	2	2	10^2		红色	2	2	2	10^2	±2
橙色	3	3	10^3		橙色	3	3	3	10^3	
黄色	4	4	10^4		黄色	4	4	4	10^4	
绿色	5	5	10^5		绿色	5	5	5	10^5	±0.5
蓝色	6	6	10^6		蓝色	6	6	6	10^6	±0.2
紫色	7	7	10^7		紫色	7	7	7	10^7	±0.1
灰色	8	8	10^8		灰色	8	8	8	10^8	
白色	9	9	10^9		白色	9	9	9	10^9	
黑色	0	0	10^0		黑色	0	0	0	10^0	
金色			10^{-1}	±5	金色				10^{-1}	±5
银色			10^{-2}	±10	银色				10^{-2}	
无色				±20						

a　　　　　　　　　　　　　　b

图 2-2　色环电子标识的阻值及偏差

a—红红黄金，阻值：$22×10^4＝220kΩ$，误差：±5%；

b—棕绿红橙绿，阻值：$152×10^3＝152kΩ$，误差：±0.5%

2.1.2　识别片状电阻

用三位阿拉伯数字表示电阻器标称阻值的形式，一般多用于片状电阻器，因为片状电阻器体积较小，一般标在电阻器表面，其他参数通常省略。该方法的前两位数字表示电阻器的有效数字，第三位数字表示有效数字后面零的个数，或

10 的幂数。但当第三位为 9 时，表示倍率为 0.1，即 10^{-1}。如图 2-3 所示的片状电阻的标志符号为 162，表示 $16 \times 10^2 = 1.6\text{k}\Omega$。

图 2-3　片状电阻

2.1.3　识别电位器

电位器是一种连续可调的电子元件，它依靠电刷在电阻体上的滑动，取得与电刷位移成一定关系的输出电压。电位器对外有三个引出端，其中两个为固定端，一个为滑动端（亦称中间抽头），滑动端在两个固定端之间的电阻体上做机械运动，使其与固定端之间的电阻发生变化。

电位器的标志方法一般采用直标法，即用字母和阿拉伯数字直接将电位器的型号、类别、标称阻值和额定功率等标志在电位器上。例如，电位器标注 WHJ-3A 220，表示精密合成碳膜电位器，阻值为 220Ω。常见电位器如图 2-4 所示。标有 203 的电位器是数码表示法，阻值表示为 $20 \times 10^3 = 20\text{k}\Omega$。

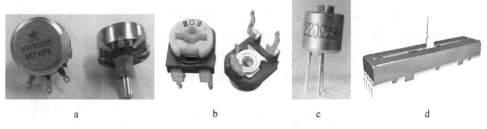

a　　　　　　　　　b　　　　　　　　　c　　　　　　　　　d

图 2-4　常见电位器

a—线绕电位器；b—微调电位器；c—有机实心电位器；d—直滑式电位器

2.1.4　检测电阻器

电阻器的检测一般用万用表进行测试，万用表有模拟万用表和数字万用表，现在通常使用数字万用表。根据电阻器的标称阻值将数字万用表档位旋钮转到适当的"Ω"档位，选择测量档位时尽量使显示屏显示较多的有效数字。黑表笔插在"COM"插孔，红表笔插在"VΩ"插孔，两表笔不分正负分别接在被测电阻器的两端，显示屏显示出被测电阻器的阻值，如图 2-5 所示，测得的电阻值为 19.62kΩ。如果显示"000"表示电阻器已经短路；如果仅最高位显示"1"说明电阻器开路；如果显示值与电阻器上标称值相差很大，超过允许偏差，说明该电阻器质量不合格。

　　电位器的检测分为固定端和滑动端检测，固定端检测方法同电阻器检测；滑动端的检测主要检测滑动端与电阻体的接触是否良好。将万用表的一表笔与电位器的滑动端相接，另一表笔与任一固定端相接，慢慢调整电位器的旋钮，从一个极端位置调整到另一个极端位置，观察阻值是否从 0（或标称值）连续变化到标称值（或 0），中间是否有断路的现象。如果显示数值中间有不变或有显示"1"的情况，说明该电位器滑动端接触不良。

图 2-5　电阻器的检测

2.2　识别与检测电容器

2.2.1　识别电容器外观标注

　　（1）直标法识别。直标法是将电容器的容量、正负极性、耐压、偏差等参数直接标注在电容体上，主要用于体积较大的元器件的标注。如图 2-6 所示的电容体上标注表示为标称容量为 $82\mu F$、耐压为 400V 的电解电容。

　　（2）文字符号法识别。文字符号法是用特定符号和数字表示电容器的容量、耐压、误差的方法。常用的字母有 m、μ、n、p 等，字母 m 表示毫法、μ 表示微法（μF）、n 表示纳法（nF）、p 表示皮法（pF）。10μ 表示标称容量为 $10\mu F$，10p 表示标称容量为 10pF 等。字母有时也表示小数点。2p2 表示 2.2pF；$3\mu3$ 表示 $3.3\mu F$。有时也在数字前面加字母 μ 或 p 表示零点几微法或皮法。p33 表示 0.33pF；$\mu22$ 表示 $0.22\mu F$。如图 2-7 所示的电容器表示为标称容量 $0.047\mu F$，误差±5%，耐压 63V。

图 2-6　电解电容

图 2-7　电容器文字符号标注法

　　（3）数码法识别。数码法一般用三位数字表示容量的大小，单位为 pF；前两位为有效数字，后一位表示倍乘率，即乘以 10^n，n 为第三位数字，若第三位数字为 9，则乘以 10^{-1}。如图 2-8 所示，电容体上标注 221K，表示 $22\times10^1 pF = 220pF$，允许误差±10%；电容体上标注 101，表示 $10\times10^1 pF = 100pF$；电容体上标注 105K，表示 $10 \times 10^5 pF = 1\mu F$，允许误差±10%；103，表示 $0.01\mu F$。

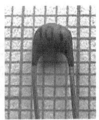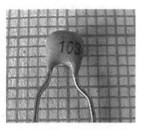

图 2-8 电容器数码标注法

2.2.2 识别可变电容器

可变电容器分为单联和双联，单联可变电容器是由一组动片和一组定片及旋轴等组成，可用空气或薄膜作介质。转动旋轴改变动片和定片的相对位置来调整容量，容量范围通常是 7～270pF。双联可变电容器由两组动片和两组定片及旋轴等组成，动片安装在同一根转轴上，当旋动转轴时，双联动片组同步转动。如果两联最大电容量相同，称为等容双连，容量一般为 $2\times270pF$、$2\times365pF$；如果两联容量不等，称为差容双联，容量一般为 60/170pF、250/290pF 等。可变电容器主要用在需要经常调整电容量的场合，如收音机的频率调谐电路。微调电容器是容量较小，调整范围也小，其容量一般为 5～20pF、7～30pF 等。一般在高频回路中用于不经常进行的频率微调。常见可变电容器的外形如图 2-9 所示。

a   b   c

图 2-9 可变电容器

a—空气介质小型单联可变电容器；b—薄膜介质小型双联可变电容器；c—微调电容器

2.2.3 检测电容器的质量

（1）对于容量大于 5000pF 的电容器的检测。对于容量大于 5000pF 的电容器的检测可用指针式万用表$R\times10k\Omega$、$R\times1k\Omega$ 档测量电容器的两引线。正常情况下，表针先向 R 为零的方向摆去，然后向 $R\rightarrow\infty$ 的方向退回（充放电）。如果退不到∞，而停留在某一数值上，指针稳定后的阻值就是电容器的绝缘电阻（也称漏电电阻）。一般电容器的绝缘电阻为几十兆欧姆以上，电解电容器的绝缘电阻为几兆欧姆以上。若所测电容器的绝缘电阻小于上述值，则表示电容器漏电。若表针不动，则表明电容器内部开路。

（2）对于小于5000pF的电容器的检测。利用数字万用表可以直接测出小容量电容器的电容值。根据被测电容的标称电容值，选择合适的电容量程（Cx），将被测电容器插入数字万用表的"Cx"插孔中，万用表立即显示出被测电容器的电容值。如果显示为"000"，则说明该电容器已短路损坏；如果仅显示为"1"，则说明该电容器已断路损坏；如果显示值与标称值相差很大，也说明电容器漏电失效，不宜使用。数字万用表测量电容的最大量程一般为20μF，对于大于20μF的电容无法测量数值。

（3）对于电解电容器的检测。测量电解电容器时，应该注意它的极性。一般电解电容器正极的引线长一些。测量时电源的正极与电容器的正极相接，电源的负极与电容器负极相接，称为电容器的正接。因为电容器正接比反接时的漏电电阻大，当电解电容器引线的极性无法辨别时，可以根据电解电容器正向连接时绝缘电阻大，反向连接时绝缘电阻小的特征来判别。用万用表红、黑表笔交换来测量电容器的绝缘电阻，绝缘电阻大的一次，连接表内电源正极的表笔所接的就是电容器的正极，另一极为负极。数字式万用表的红表笔内接电源正极，而指针式万用表的黑表笔内接电源正极。

（4）对于可变电容器的检测。可变电容器的漏电或碰片短路，可用万用表的欧姆档来检查。将万用表的两只表笔分别与可变电容器的定片和动片引出端相连，同时将电容器来回旋转几下，阻值读数应该极大且无变化。如果读数为零或某一较小的数值，说明可变电容器已发生碰片短路或漏电严重，不能使用。对于双连可变电容器，要对每一连分别进行检测。

2.3　识别与检测电感器

2.3.1　识别电感线圈外观标志

（1）直标外观识别。直标外观是在小型固定电感线圈的外壳上直接用文字符号标出其电感量、允许偏差和最大直流工作电流等主要参数，如图2-10所示。

图2-10　电感器的直标法

其中允许偏差常用Ⅰ、Ⅱ、Ⅲ来表示，分别代表允许偏差为±5%、±10%、±20%，最大工作电流常用字母A、B、C、D、E等标志。固定电感线圈外壳上标注150μH、A、Ⅱ，则表明线圈的电感量为150μH，允许偏差为Ⅱ级（±10%），最大工作电流50mA（A档）。

（2）色标外观识别。色标外观是在电感器的外壳上涂上四条不同颜色的环，来反映电感器的主要参数，如图2-11所示。前两条色环表示电感器电感量有效数字，第三条色环表示倍率（即10^n），第四条色环表示允许偏差。数字与颜色的对应关系同色标电阻，单位为微亨（μH）。电感的色标为棕绿黑银，则表示电感量为15μH，允许偏差为±10%。

2.3.2 识别常见电感器

（1）单层线圈识别。单层线圈如图2-12所示。单层线圈的电感量较小，约为几微亨至几十微亨之间。单层线圈通常使用在高频电路中。为了提高线圈的Q值（品质因数），单层线圈的骨架，常使用介质损耗小的陶瓷和聚苯乙烯材料制作。单层线圈的绕制又可分为密绕和间绕，如图2-13所示。密绕匝间电容较大，使Q值和稳定性有所降低；间绕高Q值（150~400）和高稳定性，但电感量不能做得很大。

图2-11 电感器的色标法

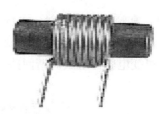

图2-12 单层线圈

图2-13 单层线圈的密绕与间绕

（2）多层线圈识别。多层线圈如图2-14所示。多层线圈的电感量较大，通常大于300μH。多层线圈的缺点就在于固有电容较大，因为匝与匝、层与层之间都存在分布电容。同时，线圈层与层之间的电压相差较大，当线圈两端具有较高电压时，易发生跳火、绝缘击穿等。

（3）中频变压器识别。中频变压器如图 2-15 所示。中频变压器又称中周，是超外差式无线电接收设备中的主要元器件之一，广泛用于调幅、调频收音机、电视接收机、通信接收机等电子设备中，适用范围从几千赫兹至几十兆赫兹。

图 2-14　多层线圈

图 2-15　中频变压器

（4）高频变压器识别。高频变压器，即高频线圈，通常是指工作于射频范围的变压器，如图 2-16 所示。收音机的磁性天线，是将线圈绕制在磁棒上，并和一只可变电容器组成调谐回路。

图 2-16　高频线圈

2.3.3　检测电感器

检测电感器可用指针式万用表测量一下电感器的阻值大致判断电感器的好坏。将指针式万用表置于 $R\times1$ 档，测得的直流电阻为零或很小（零点几欧姆到几欧姆），说明电感器未断；当测量的线圈电阻为无穷大时，表明线圈内部或引出线已经断开。如果用万用表测得线圈的电阻远小于标称阻值，说明线圈内部有短路现象。

检测电感器也可用数字万用表对电感器进行通断测试。将数字万用表的量程开关拨到"通断蜂鸣"符号处，用红、黑表笔接触电感器的两端，如果阻值较小，表内蜂鸣器就会鸣叫，表明该电感器可以正常使用。如果显示 1，表明开路，说明线圈内部有断路现象。

变压器的质量检测可从两方面考虑，即开路和短路。开路检查是将万用表置于 $R×1$ 档，分别测量变压器各绕组的阻值，一般初级绕组的阻值大约为几十欧姆到几百欧姆。变压器功率越大，使用的导线越粗，阻值越小；变压器功率越小，使用导线越细，阻值越大。次级绕组由于绕制匝数少，绕组阻值大约为几欧姆到几十欧姆。如果测量中电阻为零，说明此绕组有短路现象；如果阻值无穷大，说明有开路故障。变压器各绕组之间及绕组和铁心之间的绝缘电阻应为无穷大。测试时应切断变压器与其他元器件的连接。

2.4　识别与检测二极管

2.4.1　识别常用二极管

常用半导体二极管有整流二极管、稳压二极管、发光二极管、检波二极管和变容二极管，如图 2-17 所示。整流二极管用于整流电路，就是把交流电变换成脉动的直流电。整流二极管为面接触型，其结电容较大，因此工作频率范围较窄（3kHz 以内）。常用的型号有 2CZ 型、2DZ 型等。稳压二极管也叫稳压管，是用特殊工艺制造的面接触型硅半导体二极管，其特点是工作于反向击穿区，实现稳压；稳压管主要用于电路的稳压环节和直流电源电路中，常用的有 2CW 型和2DW 型。发光二极管一般在电路及仪器中作为指示灯，或者组成文字或数字显示，有红色的、绿色的、黄色的等，各种发光二极管使用很广泛。检波二极管是把高频信号中的低频信号检出，为点接触型，其结电容小，一般为锗管。检波二极管常采用玻璃外壳封装，主要型号有 2AP 型和 1N4148（国外型号）等。变容二极管是利用外加电压改变二极管的空间电荷区宽度，从而改变电容量大小的特性而制成的非线性电容元件，反偏电压越大，PN 结的绝缘层加宽，其结电容越小。它主要用在高频电路中作自动调谐、调频、调相等。

　　　a　　　　　　　b　　　　　　　c　　　　　　　d　　　　　　　e

图 2-17　常用二极管的外形

a—整流二极管；b—稳压二极管；c—发光二极管；d—检波二极管；e—变容二极管

2.4.2　识别二极管的极性

二极管分正极和负极，可以根据外观标志识别进行识别，如图 2-18 所示。二极管外壳上均印有型号和标记，标记方法有箭头、色点、色环三种。箭头所指方向为二极管的负极，另一端为正极；有白色标志线一端为负极，另一端为正极；一般印有红色点一端为正极，印有白色点一端为负极。

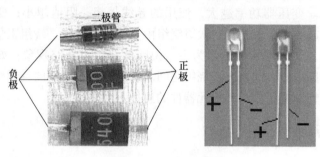

图 2-18　二极管的极性

2.4.3　检测二极管的质量

（1）普通二极管的测试：将指针式万用表置于 $R\times100\Omega$ 或 $R\times1k\Omega$ 档，黑表笔接二极管正极，红表笔接二极管负极，这时正向电阻一般应在几十欧到几百欧之间，当红黑表笔对调后，反向电阻应在几百千欧以上，则可初步判定该二极管是好的。如果测量结果阻值都很小，接近零欧姆时，说明二极管内部 PN 结击穿或已短路。如果阻值均很大，接近无穷大，则该管子内部已断路。用数字万用表测量时，用二极管测量档，正向压降小，反向溢出则正常，否则异常。

（2）稳压管的测试：将指针式万用表置于 $R\times10k$ 档，黑表笔接稳压管的"－"极，红笔接"＋"，若此时的反向电阻很小（与使用 $R\times1k$ 档时的测试值相比较），说明该稳压管正常。因为万用表 $R\times10k$ 档的内部电压都在 9V 以上，可达到被测稳压管的击穿电压，使其阻值大大减小。

2.5　识别与检测三极管

2.5.1　识别常见的晶体三极管

常见晶体三极管的外形和封装形式如图 2-19 所示。

（1）塑料封装大功率晶体三极管的识别。塑料封装大功率三极管的体积越大，输出功率较大，用来对信号进行功率放大，要放置散热片。如图 2-20 所示。

（2）金属封装大功率晶体三极管的识别。金属封装大功率三极管的体积较大，金属外壳本身就是一个散热部件，这种封装的三极管只有基极和发射极两根引脚，集电极就是三极管的金属外壳。如图 2-21 所示。

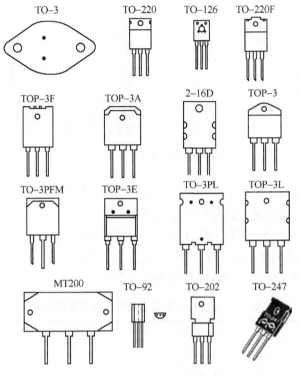

图 2-19 常见晶体三极管的外形和封装形式

图 2-20 塑料封装大功率三极管

图 2-21 金属封装大功率三极管

（3）塑料封装小功率三极管的识别。三根引脚的分布规律有多种，如图 2-22 所示。

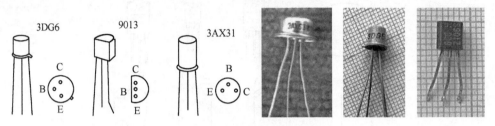

图 2-22　塑料封装小功率三极管

有些三极管的壳顶上标有色点，作为电流放大倍数值的色点标志，为选用三极管带来了很大的方便。其分档标志如下：

0～15～25～40～55～80～120～180～270～400～600

棕　红　橙　黄　绿　蓝　紫　灰　白　黑

常用小功率三极管与国内型号代换见表 2-2。

表 2-2　常用小功率三极管与国内型号代换表

型　号	材料与极性	$f_\mathrm{T}/\mathrm{MHz}$	国内代换
9011	硅 NPN	370	3DG112
9012	硅 PNP	—	3CK10B
9013	硅 NPN	—	3DK4B
9014	硅 NPN	270	3DG6
9015	硅 PNP	190	3CG6
9016	硅 NPN	620	3DG12
9018	硅 NPN	1100	3DG82A
8050	硅 NPN	190	3DK30B
8550	硅 PNP	200	3CK30B

2.5.2　检测晶体三极管

常用的小功率管有金属外壳封装和塑料封装两种，可直接观测出三个电极 E、B、C。但仍需进一步判断管型和管子的好坏，一般可用万用表"$R{\times}100$"和"$R{\times}1\mathrm{k}$"档来进行判别。

（1）识别三极管管脚的方法：

1）根据管脚排列规律进行识别。如图 2-23 所示，对于等腰三角形排列，识别时管脚向上，使三角形正好在上半个圆内，从左角起，按顺时针分别为 E、B、

C。有的在管壳外延上有一个突出部，由此突出部顺时针方向为 E、B、C。个别超高频管为 4 脚，从突出部顺时针方向为 E、B、C、D。D 与管壳相通，供高频屏蔽用。管脚为等距一字形排列时，从外壳色标志点起，按顺序为 C、B、E。管脚为非等距一字形排列时，从管脚之间距离较远的第一只脚为 C，接下来是 B、E。若外壳为半圆形状，管脚一字形排列，则切面向上，管脚向里，从左到右依次为 E、B、C。对于大功率管两个引脚为 B、E，基面是 C。

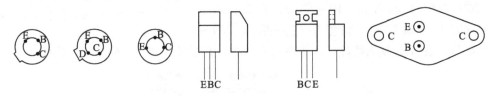

图 2-23　三极管引脚排列

2）利用万用表进行识别。基极与管型的判别是将万用表置于 $R×100$ 或 $R×1k$ 挡，将黑表笔任接一极，红表笔分别依次接另外二极。若在两次测量中表针均偏转很大（说明管子的 PN 结已通，电阻较小），则黑表笔接的电极为 B 极，同时该管为 NPN 型；反之，将表笔对调（红表笔任接一极），重复以上操作，则也可确定管子的 B 极，其管型为 PNP 型。发射极 E 和集电极 C 的判别：一种方法就是若已判明晶体管的基极和类型，任意设另外两个电极为 E、C 端。判别 C、E 时，以 PNP 型管为例，将万用表红表笔假设接 C 端，黑表笔接 E 端，用潮湿的手指捏住基极 B 和假设的集电极 C 端，但两极不能相碰，记下此时万用表欧姆挡读数；然后调换万用表表笔，再将假设的 C、E 电极互换，重复上面步骤，比较两次测得的电阻大小。测得电阻小的那次，红表笔所接的引脚是集电极 C，另一端是发射极 E。如果是 NPN 型管，正好相反。另一种方法是用数字万用表的 h_{FE} 挡，有放大倍数的对应的引脚是正确的。同时电流放大倍数 β 也测量出来了。

（2）三极管好坏的判断方法。若在以上操作中无一电极满足上述现象，则说明三极管已坏。也可用数字万用表的 h_{FE} 挡来进行判别。当管型确定后，将晶体管插入"NPN"或"PNP"插孔，将万用表置于"h_{FE}"挡，若 h_{FE}（β）值不正常（如为零或大于 300），则说明管子已坏。

2.6　识别与检测电声器件

2.6.1　传声器的识别

传声器（俗称话筒或麦克风 MIC）是把声音变成与之对应的电信号的一种电声器件。传声器又叫话筒或微音器，俗称麦克风。传声器的功能是把声能变成电信号。传声器外形和电路符号如图 2-24 所示。传声器按换能方式结构和声学工作原理分动圈式传声器、驻极体电容式传声器、压电陶瓷片。动圈式和驻极体电容式应用最广泛。

图 2-24　传声器外形及电路符号
a—传声器；b—电路符号

（1）动圈式传声器的识别。动圈式传声器由永久磁铁、音圈、音膜和输出变压器等组成，其外形与结构如图 2-25 所示。这种话筒有低阻（200~600Ω）和高阻（10~20kΩ）两类，以阻抗 600Ω 的最常用，频率响应一般在 200~5000Hz。由于其频响特性好，噪声失真度小，在录音、演讲、娱乐中广泛应用。

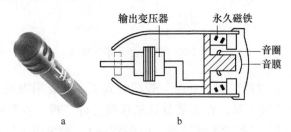

图 2-25　动圈式传声器外形及结构
a—动圈式传声器外形；b—动圈式传声器结构

（2）驻极体电容式传声器的识别。驻极体电容式传声器的外形与内部结构如图 2-26 所示。驻极体电容的输出阻抗很高，可能达到几十兆欧，所以传声器内一般用场效应管进行阻抗变换以便与音频放大电路相匹配。驻极体电容式传声器广泛应用于录音、无线话筒及声控电路。驻极体电容式传声器的引极分 2 个引极和 3 个引极的，其引极如图 2-27 所示。

图 2-26　驻极体电容式传声器外形及结构
a—驻极体电容式传声器外形；b—驻极体电容式传声器结构

驻极体送话器简单的检测方法是将指针式万用表置于欧姆档，选取 $R\times100\Omega$ 档量程。对于二端式驻极体送话器，黑表笔接漏极 D，红表笔接接地端（或红表笔接源极 S，黑表笔接接地端），对着送话器正面的入声孔吹气，如果质量好，万用表的指针应有明显的摆动，摆动幅度越大，说明送话器灵敏度就越高，如图 2-28a 所示。在吹气时指针不动或用力吹气时指针才有微小摆动，则表明被测送

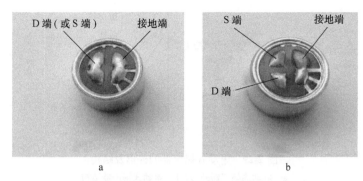

图 2-27 驻极体电容式传声器的引极图

a—两端式；b—三端式

话器已经损坏或灵敏度降低。对于三端式驻极体送话器，黑表笔仍然接漏极 D，红表笔同时接源极 S 和接地端，然后按照相同的方法进行吹气检测，如图 2-28b 所示。

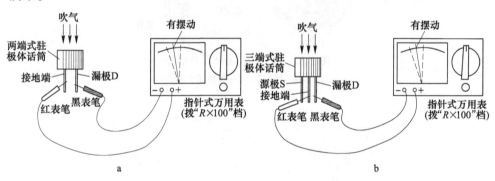

图 2-28 驻极体送话器的检测

a—检测二端式送话器；b—检测三端式送话器

2.6.2 扬声器的识别

扬声器又称为喇叭，是一种电声转换器件，它将模拟的话音电信号转化成声波，是收音机、电视机和音响设备中的重要元件，它的质量直接影响着音质和音响效果。

（1）电动式扬声器的识别。电动式扬声器由纸盆、音圈、音圈支架、磁铁、盆架等组成。电动式扬声器的外形及结构如图 2-29 所示。电动式扬声器频响宽、结构简单、经济，是使用最广泛的一种扬声器。球顶扬声器是电动式扬声器的代表，用途最为广泛，一般安装在棚顶。球顶扬声器外形及结构如图 2-30 所示。平板扬声器结构简单，应用也比较广泛，一般应用在学校教室内广播。平板扬声器外形及结构如图 2-31 所示。

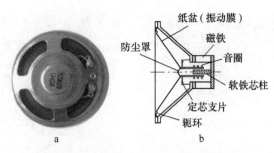

图 2-29   电动式扬声器的外形及结构
a—电动式扬声器外形；b—电动式扬声器结构

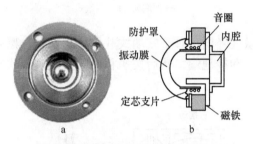

图 2-30   球顶扬声器外形及结构
a—球顶扬声器外形；b—球顶扬声器结构

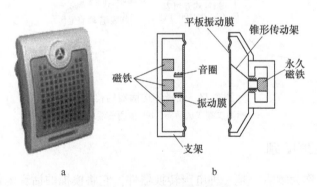

图 2-31   平板扬声器外形及结构
a—平板扬声器外形；b—平板扬声器结构

（2）压电陶瓷扬声器的识别。压电陶瓷扬声器也叫蜂鸣器，它是由两块圆形金属片及之间的压电陶瓷片构成。压电陶瓷随两端所加交变电压产生机械振动的性质叫作反压电效应，为压电陶瓷片配上纸盆就能制成压电陶瓷扬声器。这种扬声器的特点是体积小、厚度薄、重量轻，但频率特性差、输出功率小，所以压电陶瓷蜂鸣器广泛用于电子产品输出音频提示、报警信号，如电话、门铃、报警器电路中的发声器件。

（3）耳机和耳塞的识别。耳机和耳塞在电子产品的放音系统中代替扬声器播放声音，是一种小型的电声器件，它可以把音频电信号转换成声音信号。耳塞的体积微小，携带方便。耳机的音膜面积较大，能够还原的音域较宽，音质、音色更好一些，一般价格也比耳塞更贵。常用耳机和耳塞外形如图 2-32 所示。

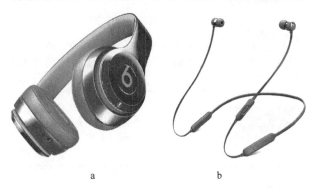

图 2-32　常用耳机和耳塞

a—耳机；b—耳塞

（4）检测扬声器的方法。将指针式万用表置 $R \times 1$ 档，将任意一只表笔与扬声器的任一引出端相接，用另一只表笔断续触碰扬声器另一引出端，此时扬声器应发出"喀喀"的声音，指针也相应地来回摆动，这说明扬声器是好的。当触碰时扬声器不发声，指针也不摆动，说明扬声器内部音圈断路或引线断开，扬声器已损坏。

2.7　识别与检测半导体集成电路

2.7.1　识别集成电路封装与引脚

不同种类的集成电路，封装不同，按封装形式分：普通双列直插式，普通单列直插式，小型双列扁平，小型四列扁平，圆形金属，体积较大的厚膜电路等。按封装体积大小排列分：最大为厚膜电路，其次分别为双列直插式，单列直插式，金属封装，双列扁平，四列扁平为最小。常见集成电路封装及特点如表 2-3 所示。

表 2-3　常见集成电路封装及特点

名　称	封装标	管脚数/间距	特点及其应用
金属圆形 Can TO-99		8，12	可靠性高，散热和屏蔽性能好，价格高，主要用于高档产品

名　称	封装标	管脚数/间距	特点及其应用
功率塑封 ZIP-TAB		3，4，5，8，10，12，16	散热性能好，用于 大功率器件
双列直插 DIP，SDIP DIPtab		8，14，16，20，22，24，28，40； 2.54mm/1.78mm（标准/窄间距）	塑封造价低，应用 最广泛；陶瓷封装耐 高温，造价较高，用 于高档产品中
单列直插 SIP，SSIP SIPtab		3，5，7，8，9，10，12，16； 2.54mm/1.78mm（标准/窄间距）	造价低且安装方便， 广泛用于民品
双列表面安装 SOP SSOP		5，8，14，16，20，22，24，28； 2.54mm/1.78mm（标准/窄间距）	体积小，用于微组 装产品
扁平封装 QFP SQFP		32，44，64，80，120，144，168； 0.88mm/0.65mm（QFP/SQFP）	引脚数多，用于大 规模集成电路
软封装		直接将芯片封装在 PCB 上	造价低，主要用于 低价格民品，如玩具 IC 等

2.7.2　检测集成电路的方法

　　集成电路的检测在专业的情况下使用专用集成电路检测仪。没有专用仪器常采用万用表用以下方法进行判测：不在路检测时，一般情况下可用万用表测量各引脚对应于接地引脚之间的正、反向电阻值，并和完好的集成电路或给出的各引脚正反电阻值表进行比较，判别电路的好坏。在路检测时，用万用表检测 IC 各引脚在路（IC 接在电路中通电）对地交、直流电压、直流电阻及总工作电流，与给定正确（参考值）相比较进行判别的检测方法。

2.8　识别与检测开关

2.8.1　识别开关

　　常用的开关有旋转式开关、按动式开关、拨动式开关、微动开关等，下面一一来认识。

（1）旋转式开关的认识。旋转式开关有波段开关和刷形开关。波段开关如图 2-33 所示，分为大、中、小型三种。波段开关靠切入或咬合实现接触点的闭合，可有多刀位、多层型的组合，绝缘基体有纸质、瓷质或玻璃布环氧树脂板等几种。旋转波段开关的中轴带动它各层的接触点联动，同时接通或切断电路。波段开关的额定工作电流一般为 0.05~0.3A，额定工作电压为 50~300V。刷形开关如图 2-34 所示，靠多层簧片实现接点的摩擦接触，额定工作电流可达 1A 以上，也可分为多刀、多层的不同规格。

图 2-33　波段开关

图 2-34　刷形开关

（2）按动式开关的认识。按动式开关有按钮开关、键盘开关、直键开关和波形开关。按钮开关如图 2-35 所示，分为大、小型，形状多为圆柱体或长方体，其结构主要有簧片式、组合式、带指示灯和不带指示灯的几种。按下或松开按钮开关，电路则接通或断开，常用于控制电子设备中的电源或交流接触器。键盘开关如图 2-36 所示，多用于计算机（或计算器）中数字式电信号的快速通断。其触点的接触形式有簧片式、导电橡胶式和电容式等多种。

图 2-35　按钮开关

图 2-36　键盘开关

波形开关其结构与钮子开关相同，只是把扳动方式的钮柄换成波形，见图 2-37。波形开关常用做设备的电源开关。其触点分为单刀双掷和双刀双掷的几种，有些开关带有指示灯。

（3）拨动式开关的认识。拨动式开关有钮子开关和拨动开关。钮子开关如图 2-38a 所示，钮子开关是电子设备中最常用的一种开关，有大、中、小型和超小型的多种，触点有单刀、双刀及三刀的几种，接通状态有单掷和双掷的两种，额定工作电压一般为 250V，额定工作电流为 0.5~5A 多档。拨动开关如图 2-38b 所示，一般是水平滑动式换位，切入咬合式接触。

图 2-37　波形开关

a　　　　　　　　　　b

图 2-38　拨动式开关

a—钮子开关；b—拨动开关

（4）微动开关的认识。微动开关是具有微小接点间隔和快动机构，用规定的行程和规定的力进行开关动作的接点机构，用外壳覆盖，其外部有驱动杆的一种开关，因为其开关的触点间距比较小，故名微动开关，又叫灵敏开关，可用于防盗系统中的门开关等，如图 2-39 所示。

图 2-39　微动开关

2.8.2　检测开关

开关是进行电路通断控制的，不同的开关检测方法不同。

（1）机械开关的检测方法。使用万用表的欧姆档对开关的绝缘电阻和接触电阻进行测量。若测得绝缘电阻小于几百千欧时，说明此开关存在漏电现象；若测得接触电阻大于 0.5Ω，说明该开关存在接触不良的故障。

（2）电磁开关的检测方法。使用万用表的欧姆档对开关的线圈、开关的绝缘电阻和接触电阻进行测量。继电器的线圈电阻一般在几十欧至几千欧之间，其绝缘电阻和接触电阻值与机械开关基本相同。

（3）电子开关的检测方法。通过检测二极管的单向导电性和晶体管的好坏来初步判断电子开关的好坏。

2.9　识别接插件

2.9.1　识别接插件

接插件是进行电气连接的部件，在电子产品中使用非常普遍，既方便灵活又连接可靠。下面来认识一下常用的接插件。

（1）音视频接插件的认识。这种接插件也称 AV 连接器，用于连接各种音响设备、摄录像设备、视频播放设备，传输音频、视频信号。音视频接插件有很多种类，常见有耳机/话筒插头、插座，大多是话筒插头，如图 2-40a 所示。这种接插件的额定电压 30V，额定电流 30mA，不宜用来连接电源。一般使用屏蔽线作为音频信号线与插头连接，可以传送单声道或双声道信号。莲花插头、插座也叫同心连接器，它的尺寸要大一些，如图 2-40b 所示。插座常被安装在声像设备的后面板上，插头用屏蔽线连接，传输音频和视频信号。这种接插件的额定电压为 50V（AC），额定电流为 0.5A。

a　　　　　　　　　　　　　　　　　　　b

图 2-40　音视频接插件
a—常见耳机/话筒插头、插座；b—莲花插头、插座

（2）直流电源接插件的认识。如图 2-41 所示，这种接插件用于连接小型电子产品的便携式直流电源，笔记本电脑的电源适配器（AC Adaptor）使用这类接插件连接。插头的额定电流一般在 2~5A，尺寸有三种规格，外圆直径×内孔直径为 3.4mm×1.3mm、5.5mm×2.1mm、5.5mm×2.5mm。

图 2-41　直流电源接插件

（3）圆形接插件的认识。圆形接插件的插头具有圆筒状外形，插座焊接在印制电路板上或紧固在金属机箱上，插头与插座之间有插接和螺接两类连接方

式，广泛用于系统内各种设备之间的电气连接。插接方式的圆形接插件用于插拔次数较多、连接点数少且电流不超过 1A 的电路连接，常见的台式计算机键盘、鼠标插头（PS/2 端口）就属于这一种。螺接方式的圆形接插件俗称航空插头、插座，如图 2-42 所示。它有一个标准的螺旋锁紧机构，容易实现防水密封及电磁屏蔽等特殊要求。

（4）矩形接插件的认识。矩形接插件如图 2-43 所示。矩形接插件的体积较大，电流容量也较大，并且矩形排列能够充分利用空间，所以这种接插件被广泛用于印刷电路板上安培级电流信号的互相连接。有些矩形接插件带有金属外壳及锁紧装置，可以用于机外的电缆之间和电路板与面板之间的电气连接。

图 2-42　圆形接插件　　　　　　　　　图 2-43　矩形接插件

（5）印制板接插件的认识。印制板接插件如图 2-44 所示，用于印制电路板之间的直接连接，外形是长条形。插头由印制电路板边缘上镀金的排状铜箔条（俗称"金手指"）构成；插座焊接在"母"板上。"子"电路板上插头插入"母"电路板上的插座，就连接了两个电路。印制板插座主要规格有排数（单排、双排）、针数（引线数目，从 7 线到近 200 线不等）、针间距（相邻接点簧片之间的距离），以及有无定位装置、有无锁定装置等。从台式计算机的主板上最容易见到符合不同的总线规范的印制板插座，用户选择的显卡、声卡等就是通过这种插座与主板实现连接。

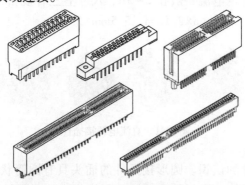

图 2-44　印制板接插件

（6）同轴接插件的认识。同轴接插件又叫作射频接插件或微波接插件，用于传输射频信号、数字信号的同轴电缆之间连接，工作频率可达到数千兆赫以上，如图2-45所示。Q9型卡口式同轴接插件常用于示波器的探头电缆连接。

图 2-45 同轴接插件

（7）带状电缆接插件的认识。带状电缆插头是电缆两端的连接器，它与电缆的连接不用焊接，而是靠压力使连接端内的刀口刺破电缆的绝缘层实现电气连接，如图2-46所示。带状电缆接插件的插座部分直接装配焊接在印制电路板上。带状电缆接插件用于低电压、小电流的场合，但不适合用在高频电路中。在高密度的印制电路板之间，特别是在微型计算机中，主板与硬盘、光盘驱动器等外部设备之间的电气连接几乎全部使用这种接插件。

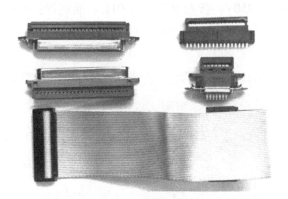

图 2-46 带状电缆接插件

（8）插针式接插件的认识。插针式接插件常见有两类，如图2-47所示。图2-47a所示接插件为民用消费电子产品常用的插针式接插件，插座可以装配焊接在印制电路板上，插头压接（或焊接）导线，连接印制板外部的电路部件。图

2-47b 所示接插件为数字电路常用，插头、插座分别装焊在两块印制电路板上，用来连接两者。这种接插件比标准的印制板体积小，连接更加灵活。

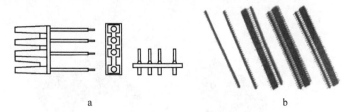

图 2-47　插针式接插件

a—民用消费电子产品常用的插针式接插件；b—数字电路常用插针式接插件

　　（9）D 形接插件的认识。这种接插件的端面很像字母 D，具有非对称定位和连接锁紧机构，如图 2-48 所示。常见的接点数有 9、15、25、37 等几种，连接可靠，定位准确，用于电器设备之间的连接。典型的应用有计算机的 RS-232 串行数据接口和 LPT 并行数据接口（打印机接口）。

　　（10）条形接插件的认识。条形接插件如图 2-49 所示，广泛用于印制电路板与导线的

图 2-48　D 形接插件

连接。接插件的插针间距有 2.54mm（额定电流 1.2A）和 3.96mm（额定电流 3A）两种，工作电压 250V，接触电阻约 0.01Ω。插座焊接在电路板上，导线压接在插头上，压接质量对连接可靠性的影响很大。

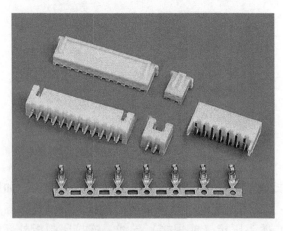

图 2-49　条形接插件

2.9.2 检测接插件

对接插件的检测方法一般采用外表直观检查和万用表测量检查两种方法。通常的做法是先进行外表直观检查，看有无机械损坏和变形；然后再用万用表进行检测，主要是检测触点的电气连接是否可靠，接触点的表面是否清洁，有无断路和短路现象。

2.10 实战检验：调幅收音机元器件的识别与检测

学会了电子元器件的识别与检测，作为电子产品的装配的首要任务，这个技能掌握了，才能正确地进行元器件的查找和质量判断，为装好电子产品打下坚实的基础，这是学习电子产品工艺的首要必会技能。

2.10.1 明确任务要求

（1）给你一台调幅收音机散件，收音机散件实物如图 2-50 所示。从中识别各种元器件进行归类，并根据元器件上标识的主要参数对应材料清单进行正确归位，把元器件固定在材料清单的相应位置上。收音机材料清单见表 2-4。

图 2-50 收音机散件实物图

（2）用万用表对元器件进行质量检测，判断元器件质量是否符合技术指标要求。

2.10.2 识别各种元器件

把收音机中的各种元器件进行分类，同一种类型的元器件放在一起，清楚哪些是电阻、电容、电感、二极管、三极管、扬声器器件、耳机插座。双联是体积较大的外观是方形的三个扁平引脚的元件；还要认识其他一些部件。

表 2-4　调幅收音机材料清单

序号	名称	规格	数量/个	安装位	序号	名称	规格	数量/个	安装位
1	电阻器	1Ω	1	R704	26	二极管	2CK83A	2	VD301 VD701
2	电阻器	100Ω	2	R103 R702	27	晶体管	9011F	2	Q301 Q302
3	电阻器	220Ω	1	R104	28	晶体管	9011G	1	Q101
4	电阻器	270Ω	1	R303	29	晶体管	9013F	2	Q702 Q703
5	电阻器	470Ω	1	R305	30	晶体管	9014B	1	Q701
6	电阻器	1.2kΩ	1	R302	31	振荡线圈	MLL70-1 红	1	L102
7	电阻器	1.5kΩ	1	R703	32	中频变压器	MLT70-1 黄	1	T301
8	电阻器	2.2kΩ	1	R102	33	中频变压器	MLT70-3 黑	1	T302
9	电阻器	5.6kΩ	1	R306	34	输入变压器	小功率蓝	1	T701
10	电阻器	10kΩ	1	R304	35	输出变压器	小功率红	1	T702
11	电阻器	12kΩ	1	R301	36	耳机插座	3F-01	1	
12	电阻器	120kΩ	1	R701	37	天线线圈	12mm×32mm	1	
13	电阻器	220kΩ	1	R101	38	磁棒	4mm×12mm×55mm	1	
14	电阻器	560kΩ	1	R705	39	扬声器	0.25W8Ω	1	
15	电位器	NWD5kΩ	1	VR701	40	螺钉	M26mm×4mm	2	
16	电容器	2200pF	2	C302 C306	41	螺钉	M26mm×6mm	1	
17	电容器	3300pF	1	C101	42	螺钉	M26mm×5mm	1	
18	电容器	6800pF	1	C102	43	电池夹		1	
19	电容器	0.01μF	1	C702	44	导线		4	连扬声器电池
20	电容器	0.022μF	5	C303 C304 C305 C703 C704	45	磁棒架		1	
21	电解电容	1μF/50V	1	C701	46	度盘		1	前壳内
22	电解电容	4.7μF/10V	1	C301	47	装饰条		1	镜片外
23	电解电容	100μF/63V	1	C705	48	镜片		1	度盘外
24	双联	CBM-223P	1		49	旋钮		2	音量 调谐
25	印制板		1		50	前后壳（套）		1	

2.10.3　用万用表检测各种元器件的好坏

电阻用欧姆档检测是否符合允许偏差；电容的检测直接插在测电容的插孔

了，不用表笔；电感用欧姆档测是否开路，一般电感的阻值非常小，不是短路；二极管可用二极管档位测正向导通压降，根据单向导电性看是否有损坏的；三极管可用万用表的电流放大倍数档位，先判断管型后再对应引脚插入测试孔中，一般显示一定的放大倍数，很小说明损坏了。扬声器可先测一下内阻值，然后使用万用表打在欧姆档，用表笔碰触扬声器两个引线焊接点，听扬声器是否发出喀喀声。耳机插座用欧姆档测是否通断正确。天线、中周、输入输出变压器这些属于电感类元器件，用万用表检测初、次级线圈的电阻是否开路和短路，初、次级线圈间及与金属外壳间是否短路来判断好坏。双联用可万用表检测各引出金属片间是否短路和开路现象。开关电位器用万用表检测两固定端电阻及中间滑动端与固定端电阻变化是否有断点来判断电位器是否损坏和接触不良。

3 手工装配焊接通孔插装元器件电子产品

电子元器件是组成电子产品的基本单元，把电子元器件牢固可靠地焊接到印制电路板上，是电子产品装配的重要环节。焊接是电子产品组装的重要工艺，焊接质量的好坏直接影响电子产品的性能。掌握焊接的基本知识和焊接基本技能是保证焊接质量、获得性能稳定可靠的电子产品的重要前提。目前，虽然电子产品生产大都采用自动焊接技术，但在产品研制、设备维修，以及一些小规模、小型电子产品的生产中，仍广泛应用手工焊接。对于通孔插装元器件的手工焊接，更是从事电子技术工作人员所必须掌握的技能。

3.1 焊接材料与工具

焊接材料是手工焊接必需的材料，焊接材料包括焊料（焊锡）和焊剂（助焊剂与阻焊剂）。焊接工具是在手工焊接时用到的工具，有电烙铁，还有其他五金工具。

3.1.1 焊接材料

（1）焊料。焊料是易熔金属，熔点应低于被焊金属。焊料熔化时，在被焊金属表面形成合金与被焊金属连接在一起。焊料按成分可分为锡铅焊料、银焊料、铜焊料等。在一般电子产品装配中，主要采用锡铅焊料，俗称焊锡。

焊料的作用是把被焊物连接起来，对电路来说是构成一个通路。因此焊料应具备的条件为：焊料的熔点要低于被焊工件；易于与被焊物连成一体，具有一定的抗压能力；有良好的导电性能；有较快的结晶速度。

焊料的种类有多种，锡铅焊料是最常见的。在锡焊工艺中常用的是铅与锡以不同比例融合形成的锡铅合金焊料，具有一系列铅和锡不具备的优点：熔点低，易焊接，各种不同成分的锡铅焊料熔点均低于锡和铅的熔点，有利于焊接；机械强度高，焊料的各种机械强度均优于纯锡和铅；表面张力小，黏度下降，增大了液态流动性，有利于焊接时形成可靠接头；抗氧化性好，使焊料在熔化时减小氧化量。锡铅焊料中把锡铅含量（质量分数）为锡61.9%、铅38.1%的锡铅焊料称为共晶合金。共晶合金的熔点最低，为183℃，是锡铅焊料中性能最好的一种。它的特点是：低熔点，使焊接时加热温度降低，可防止元器件损坏；熔点和凝固点一致，可使焊点快速凝固，不会因半熔状态时间的间隔而造成焊点结晶疏松，强度降低；流动性好，表面张力小，有利于提高焊点质量；强度高，导电性好。

常用焊料的形状有多种。在手工电烙铁焊接中，一般使用管状焊锡丝，如图3-1所示。它是将焊锡制成管状，在其内部充加助焊剂而制成的。助焊剂常用优质松香添加一定活化剂。焊料成分一般是含锡量60%～65%（质量分数）的锡铅焊料。焊锡丝直径有 0.5mm、0.8mm、0.9mm、1.0mm、1.2mm、1.5mm、2.0mm、2.3mm、2.5mm、3.0mm、4.0mm、5.0mm 多种。

图 3-1　焊料

（2）助焊剂。助焊剂顾名思义，在焊接过程中是有助于焊接的，其作用是：除去氧化膜，即助焊剂中的氯化物、酸类同氧化物发生还原反应，从而除去氧化膜，使金属与焊料之间接合良好；防止加热时氧化，即助焊剂在熔化后，悬浮在焊料表面，形成隔离层，故防止了焊接面的氧化；减小表面张力，即助焊剂增加了焊锡流动性，有助于焊锡浸润；使焊点美观，即合适的助焊剂能够整理焊点形状，保持焊点表面光泽。

助焊剂应具备的条件为：熔点低于焊料，也就是在焊料熔化之前，助焊剂就应熔化；表面张力、黏度、密度均应小于焊料，要先于焊料在金属表面扩散浸润；残渣容易清除，助焊剂或多或少都带有酸性，如不清除，就会腐蚀母材，同时也影响美观；不能腐蚀母材，酸性强的助焊剂，不单单清除氧化层，而且还会腐蚀母材金属，成为发生二次故障的潜在原因；不会产生有毒气体和臭味，从安全卫生角度讲，应避免使用毒性强或会产生臭味的化学物质。

在电子产品中，使用的最多、最普遍的是以松香为主体的树脂系列助焊剂。松香助焊剂属于天然产物。如图3-2所示。目前，在使用过程中通常将松香溶于酒精中制成"松香水"，松香同酒精的比例一般为1∶3（体积比）为宜，也可根据使用经验增减，但不能过浓，否则流动性能变差。

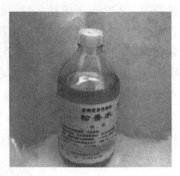

图 3-2 松香助焊剂

使用助焊剂的注意事项：常用的松香助焊剂在超过 60℃ 时，绝缘性能会下降，焊接后的残渣对发热元器件有较大的危害，所以要在焊接后清除助焊剂残留物。另外，存放时间过长的助焊剂不宜使用。因为助焊剂存放时间过长时，其成分会发生变化，活性变差，影响焊接质量。

（3）阻焊剂。在焊接时，尤其是在浸焊和波峰焊中，为提高焊接质量，需采用耐高温的阻焊涂料，使焊料只在需要的焊点上进行焊接，而把不需要焊接的部位保护起来，起到一定的阻焊作用。这种阻焊涂料称为阻焊剂。

阻焊剂的主要作用是：防止桥接、拉尖、短路及虚焊等情况的发生，提高焊接质量，减小印制电路板的返修率；印制电路板面被阻焊剂所涂覆，焊接时受到的热冲击小，降低了印制电路板的温度，使板面不易产生气泡、分层，也起到了保护元器件和集成电路的作用；除了焊盘外，其他部分均不上锡，节省了大量的焊料；使用带有颜色的阻焊剂，如深绿色和浅绿色等，可使印制电路板的板面显得整洁美观。

阻焊剂按成膜材料不同可分为热固化型阻焊剂、紫外线光固化型阻焊剂和电子辐射光固化型阻焊剂。常用的阻焊剂是紫外线光固化型阻焊剂，呈深绿或浅绿色。

3.1.2 常用焊接工具

电烙铁是手工施焊的主要工具。合理选择、使用电烙铁是保证焊接质量的基础。

（1）电烙铁的分类。电烙铁按加热方式可分为直热式、感应式、气体燃烧式等多种，如图 3-3 所示。目前最常用的是单一焊接用的直热式电烙铁；它又分为内热式和外热式两种。电烙铁按功率可分为 20W、30W、35W、45W、50W、75W、100W、150W、200W、300W 等多种。电烙铁按功能可分为单用式、两用式、恒温式、吸锡式等。

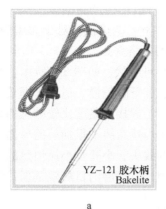
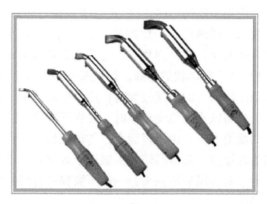

a　　　　　　　　　　　　　　　　b

c

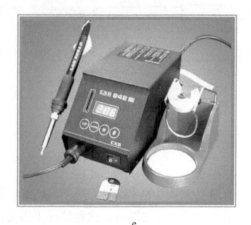

d　　　　　　　　　　　　　　e

图 3-3　各式电烙铁
a—普通内热式电烙铁；b—外热式电烙铁；c—吸锡电烙铁；
d—长寿命烙铁头电烙铁；e—温控式电烙铁

（2）电烙铁的选用。电烙铁在选用时重点考虑加热形式、功率大小、烙铁头形状，可按如下方法进行选择：

1）加热形式的选择。因为加热方式分为内热式和外热式，在相同功率的情况下，内热式比外热式电烙铁的温度要高，所以选择内热式的热效率高。

2）电烙铁功率的选择。焊接小瓦数的阻容元件、晶体管、集成电路、印制电路板的焊盘或塑料导线时，宜采用 30~45W 的外热式或 20W 的内热式电烙铁，在实际应用中选用20W内热式电烙铁最好。焊接一般结构产品的焊接点，如线环、线爪、散热片、接地焊片等时，宜采用75~100W电烙铁。对于大型焊点，如焊金属机架接片、焊片等，宜采用100~200W的电烙铁。

3）烙铁头形状的选择。烙铁头可以加工成不同形状，如图3-4所示。凿式和尖锥形烙铁头的角度较大时，热量比较集中，温度下降较慢，适用于焊接一般焊点。当烙铁头的角度较小时，温度下降快，适用于焊接对温度比较敏感的元器件。斜面烙铁头，由于表面大，传热较快，适用于焊接布线不很拥挤的单面印制电路板焊接点。圆锥形烙铁头适用于焊接高密度的线头、小孔及小而怕热的元器件。对于有镀层的烙铁头，一般不要锉或打磨。因为电镀层的目的就是保护烙铁头不易腐蚀。

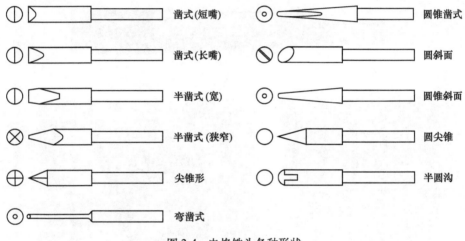

凿式(短嘴)	圆锥凿式
凿式(长嘴)	圆斜面
半凿式(宽)	圆锥斜面
半凿式(狭窄)	圆尖锥
尖锥形	半圆沟
弯凿式	

图 3-4　电烙铁头各种形状

（3）普通烙铁头的修整和镀锡方法。烙铁头经使用一段时间后，会发生表面凹凸不平，而且氧化严重，这种情况下需要修整。一般将烙铁头拿下来，夹到台钳上粗锉，修整为自己要求的形状，然后再用细锉修平，最后用细砂纸打磨光亮。修整后的烙铁应立即镀锡，方法是将烙铁头装好通电，在木板上放些松香并放一段焊锡，烙铁沾上锡后在松香中来回摩擦，直到整个烙铁修整面均匀镀上一层锡为止，如图3-5所示。需注意的是，烙铁通电后一定要立刻蘸上松香，否则表面会生成难镀锡的氧化层。

图 3-5　烙铁头镀锡示意图

（4）吸锡器。吸锡器是专门对多余焊锡进行清除的用具，如图3-6所示。它需要用电烙铁加热融化焊点后进行吸锡，在拆焊时用。

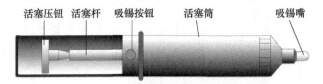

活塞压钮　活塞杆　吸锡按钮　　活塞筒　　　　吸锡嘴

图 3-6　吸锡器的外形图

3.1.3　常用五金工具

电子产品装接常用的五金工具有尖嘴钳、斜口钳、扁嘴钳、克丝钳、镊子、螺丝刀、剥线钳等。如图3-7所示。这些工具在电子产品装接中必不可少。

图 3-7　电子产品装接常用的五金工具

3.2　元器件引线的成型工艺

元器件装配到印制电路板之前，一般都要进行加工处理，即对元器件进行引线成型，然后进行插装。良好的成型及插装工艺，具有性能稳定，整齐、美观的效果。为了便于安装和焊接元器件，在安装前，要根据其安装位置的特点及技术要求，预先把元器件引线弯曲成一定的形状，并进行搪锡处理。

3.2.1　元器件引线的成型

（1）预加工处理：元器件引线在成型前必须进行预加工处理，包括引线的校直、表面清洁及搪锡三个步骤。预加工处理的要求是引线处理后，不允许有伤痕，镀锡层均匀，表面光滑，无毛刺和焊剂残留物。

（2）引线成型的基本要求：引线成型工艺就是根据焊点之间的距离，做成需要的形状，目的是使它能迅速而准确地插入孔内。引线各种成型方式如图3-8所示。

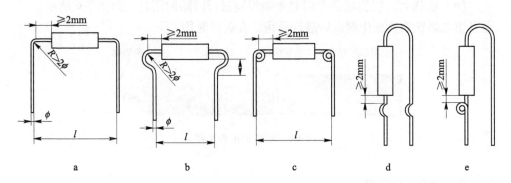

图 3-8　引线各种成型方式图

a—卧式基本成型；b—卧式孔距限制成型；c—卧式打圈成型；

d—立式弯折成型；e—立式打圈成型

（3）元器件引线成型的技术要求：元器件引线成型后，元器件本体不应产生破裂，表面封装不应损坏，引线弯曲部分不允许出现模印裂纹；引线成型后其标称值应处于查看方便的位置，一般应位于元器件的上表面或外表面。

（4）元器件引线成型的方法：可采用专用工具，用成型机进行成型；也可采用手工成型，用尖嘴钳或镊子进行成型。

3.2.2　元器件引线的搪锡

因长期暴露于空气中存放的元器件的引线表面有氧化层，为提高其可焊性，必须作搪锡处理。元器件引线在搪锡前可用刮刀或砂纸去除元器件引线的氧化层。注意不要划伤和折断引线。但对扁平封装的集成电路，则不能用刮刀，而只能用绘图橡皮轻擦清除氧化层，并应先成型，后搪锡。

3.3　导线的加工处理工艺

导线的加工处理属于电子产品装配的准备工艺，为顺利准确的装配做好提前准备工作。

3.3.1　绝缘导线的加工工艺

绝缘导线的加工处理分为剪裁、剥头、捻头（多股线）、搪锡、清洗、印标记等过程。

（1）裁剪（下料）。裁剪（下料）是按工艺文件中导线加工表中的要求，用斜口钳或下线机等工具对所需导线进行剪切。下料时应做到长度准、切口整齐、不损伤导线及绝缘皮。

（2）剥头。将绝缘导线的两端用剥线钳等工具去掉一段绝缘层而露出芯线的过程，称为剥头。剥头长度一般为 10~12mm。剥头时应做到绝缘层剥除整齐，芯线无损伤、断股等。剥头可采用刀截法和热截法进行。

（3）捻头。对多股芯线，剥头后用镊子或捻头机把松散的芯线绞合整齐，称为捻头。捻头的方法是按多股芯线原来合股的方向扭紧，芯线扭紧后不得松散。捻头时应松紧适度（其螺旋角一般为 30°~45°），不卷曲，不断股。

（4）浸锡或搪锡。搪锡是指对捻紧端头的导线进行浸涂焊料的过程。为的是防止已捻头的芯线散开及氧化，提高导线的可焊性，防止虚焊、假焊，要对导线进行浸锡或搪锡处理。浸锡或搪锡的方法是把经前 3 步处理的导线剥头插入锡锅（槽）中浸锡或用电烙铁手工搪锡。搪锡注意的事项：绝缘导线经过剥头、捻线后应尽快浸锡；浸锡时应把剥头先浸助焊剂，再浸锡。浸锡时间 1~3s 为宜，浸锡后应立刻浸入酒精中散热，以防止绝缘层收缩或破裂。被浸锡的表面应光滑明亮，无拉尖和毛刺，焊料层薄厚均匀，无残渣和助焊剂黏附。

（5）清洗。采用无水酒精作清洗液，可清洗残留在导线芯线端头的脏物，同时又能迅速冷却浸锡导线，保护导线的绝缘层。

（6）印标记。复杂的产品中使用了很多导线，单靠塑胶线的颜色已不能区分清楚，应在导线两端印上线号或色环标记，才能使安装、焊接、调试、修理、检查时方便快捷。印标记的方式有导线端印字标记、导线染色环标记和将印有标记的套管套在导线上等。如图 3-9 所示，单位为 mm。

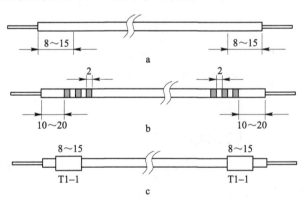

图 3-9　导线端头标记示意图
a—印字标记；b—色环标记；c—套管标记

3.3.2　线扎的成形加工工艺

电子产品的电气连接主要依靠各种规格的导线来实现，较复杂的电子产品的连线很多，应把它们合理分组。分组的原则是尽量减小线与线之间的干扰，这要根据线内的信号与线的种类来判别，如输入线与输出线就不仅不能分到一组，而且还应尽可能远离。扎成各种不同的线扎（也称线束，俗称线把），不仅美观，占用空间少，还保证了电路工作的稳定性，更便于检查、测试和维修。

（1）软线束的成型工艺。软线束一般用于产品中各功能部件之间的连接，由多股导线、屏蔽线、套管及接线连接器等组成，一般无须捆扎，只要按导线功能进行分组，将功能相同的线用套管套在一起。如图3-10所示。

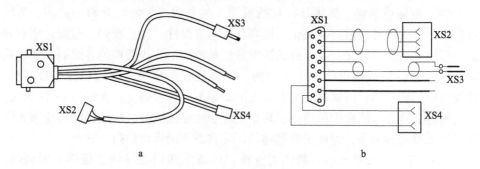

图 3-10　软线束的成型示意图

a—软线束外形图；b—软线束接线图

（2）硬线束的成型工艺。硬线束多用于固定产品零部件之间的连接，特别在机柜设备中使用较多。它是按产品需要将多根导线捆扎成固定形状的线束，如图3-11所示。

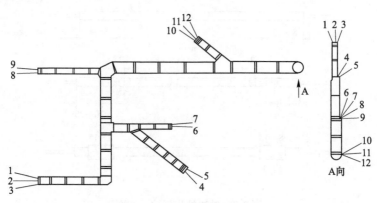

图 3-11　硬线束的成型方式示意图

（图中序号为线号）

（3）线扎制作常识。线扎制作应严格按照工艺文件要求进行，在工艺文件上没有明确要求时，或制定工艺文件时，走线应考虑以下因素：

1）输入、输出线不要排在一个线把内，并要与电源线分开，以防止信号受到干扰。若必须排在一起时，需使用屏蔽导线。

2）传输高频信号的导线不要排在线把内，以防止其干扰线把内其他导线中的信号。

3）接地点要尽量集中在一起，以保证它们是可靠的同电位。

4）导线束不要形成环路，以防止产生磁、电干扰。

5）线把应远离发热体，并且不要在这些元器件上方走线，以免破坏导线绝缘层及增加更换元器件的困难。

6）扎制的导线长短要合适，排列要整齐。从线把分支处到焊点之间应有一定的余量（10~30mm），若太紧，则有振动时可能会把导线或焊盘拉断；若太松，不仅浪费，而且会造成空间凌乱。

7）尽量走最短距离的连线，拐弯处取直角，尽量在同一个平面内连线。

另外，每一线把中至少要有两根备用导线，备用导线应选线把中长度最长、线径最粗的导线。

（4）常用的几种扎线绑扎方法。常用的几种扎线绑扎方法有用线绳绑扎法、用线扎搭扣绑扎法、用胶粘剂粘合法、用塑料线槽排线法等。具体方法如下：

1）用线绳绑扎。捆扎用线有棉线、尼龙线和亚麻线等，捆扎前可放到石蜡中浸一下，以增强导线的摩擦系数，防止松动。线绳的具体绑扎方法如图 3-12 所示。对于带有分支点的线把，应将线绳在分支拐弯处多绕几圈加固，如图 3-13 所示。

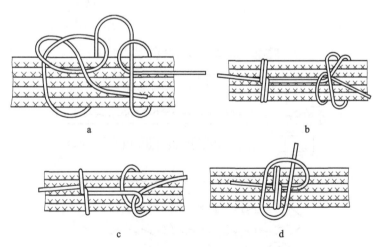

图 3-12　常用的几种线绳绑扎方法示意图
a—起始线扣；b—绕两圈的中间线扣；c—绕一圈的中间线扣；d—终端线扣

2）用线扎搭扣绑扎。用线扎搭扣绑扎是将众多塑料导线一段一段地绑扎成圆束的方法，如图 3-14 所示。由于线扎搭扣使用非常方便，所以现在的电子产品生产中常用线扎搭扣捆扎线把。用线扎搭扣捆扎应注意，不要拉得太紧，否则

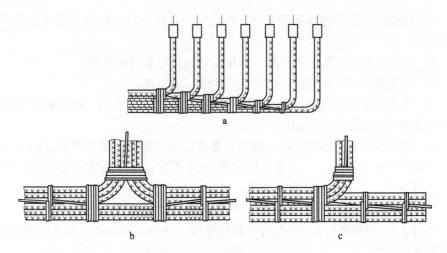

图 3-13　分支线的绑扎示意图

a—向接线板去的分支线的捆扎；b—分支线合并后拐弯处的捆扎；c—分支线拐弯处的捆扎

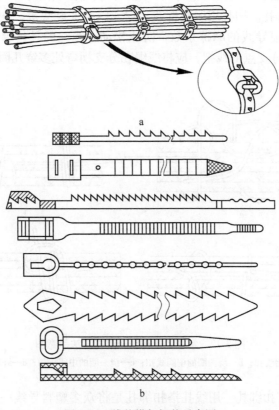

图 3-14　线扎搭扣捆扎示意图

a—线扎搭扣捆扎；b—常用线扎搭扣

会弄伤导线，且线扎搭扣拉紧后，应剪掉多余的部分。

3）用胶粘剂粘合。导线的数目较少时，可用胶粘剂粘合成线把，如图 3-15 所示。因胶粘剂易挥发，所以涂抹要迅速，且涂完后不要马上移动，约经过 2min 待胶粘剂凝固后再移动。

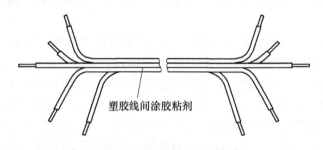

图 3-15 胶粘剂粘合法示意图

4）用塑料线槽排线。较大型的电子产品往往需要做机柜，为使机柜内走线整齐，便于查找和维修，常用塑料线槽排线。如图 3-16 所示。线槽固定在机箱上，槽上下左右有很多出线孔，只要将不同走向的导线依次排入槽内，盖上线槽盖即可，无须捆扎。

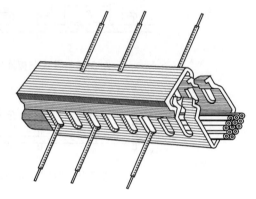

图 3-16 塑料线槽布线示意图

5）活动线把的捆扎。在电子产品中常有需活动的线把，如读盘用的激光头线把。为使线把弯曲时每根导线受力均匀，应将线把拧成 15°后再捆绑，如图 3-17 所示。

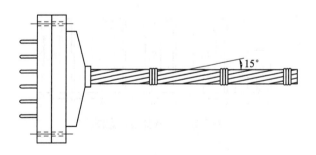

图 3-17 活动线把的捆扎示意图

3.4 通孔插装电子元器件的插装工艺

3.4.1 元器件插装的形式

元器件的插装形式可分为卧式插装、立式插装、横向插装、倒立插装和嵌入插装。

（1）卧式插装。卧式插装是将元器件紧贴印制电路板的板面水平放置，元器件与印制电路板之间的距离可视具体要求而定，又分为贴板插装和悬空插装。贴板插装是贴紧印制基板面。且安装间隙小于 1mm，金属外壳时应加垫，适于防震产品，如图 3-18 所示。悬空插装是距印制板面有一定高度，安装距离一般在 3~8cm，适于发热元器件的安装，如图 3-19 所示。卧式插装的优点是元器件的重心低，比较牢固稳定，受震动时不易脱落，更换时比较方便。由于元器件是水平放置，故节约了垂直空间。

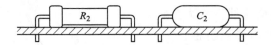

图 3-18 卧式贴板插装示意图

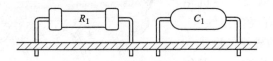

图 3-19 卧式悬空插装示意图

（2）立式插装。立式插装是垂直于基板的安装，也叫垂直插装，适用于安装密度较高的场合，但重量大引线细的元器件不宜采用，如图 3-20 所示。立式插装的优点是插装密度大，占用印制电路板的面积小，插装与拆卸都比较方便。

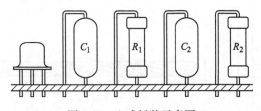

图 3-20 立式插装示意图

（3）横向插装。横向插装是将元器件先垂直插入印制电路板，然后将其朝水平方向弯曲，如图 3-21 所示。该插装形式适用于具有一定高度限制的元器件，以降低高度。

（4）倒立插装与嵌入插装（埋头安装）。倒立插装与嵌入插装如图 3-22 所示。这两种插装形式一般情况下应用不多，是为了特殊的需要而采用的插装形式，如高频电路中减少元器件引脚带来的天线作用。嵌入插装除为了降低高度外，更主要的是为了提高元器件的防震能力和加强牢靠度。

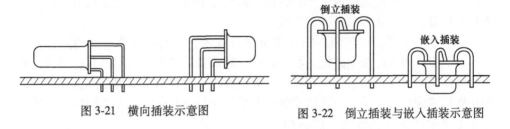

图 3-21　横向插装示意图　　　　图 3-22　倒立插装与嵌入插装示意图

3.4.2　安装典型件

（1）二极管的安装。二极管的安装可立式也可卧式安装。如图 3-23 所示。

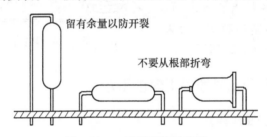

图 3-23　二极管安装示意图

（2）晶体管的安装。晶体管的安装一般以立式安装最为普遍，在特殊情况下也有采用横向或倒立安装，如图 3-24 所示。不论采用哪一种插装形式，其引线都不能保留得太长，太长的引线会带来较大的分布参数，一般留的长度为 3～5mm，但也不能留得太短，以防止焊接时过热而损坏晶体管。对于一些大功率自

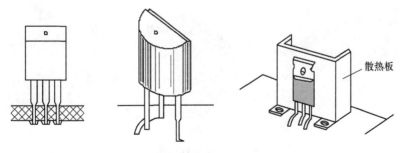

图 3-24　塑封晶体管安装方法示意图

带散热片的塑封晶体管，为提高其使用功率，往往需要再加一块散热板。安装散热板时，一定要让散热板与晶体管的自带散热片有可靠的接触，使散热顺利。三端稳压器的安装与中功率晶体管安装相同。

（3）集成电路的安装。集成电路在装入印制电路板前，首先一定要弄清楚引线排列的顺序及第一引脚是哪一个，然后再检查引线是否与印制电路板的孔位相同，否则，就可能装错或装不进孔位，甚至将引线弄弯。插装集成电路时，不能用力过猛，以防止弄断或弄偏引线。

（4）重、大器件的安装。中频变压器及输入、输出变压器带有固定脚，安装时将固定脚插入印制电路板的相应孔位，先焊接固定脚，再焊接其他引脚。对于较大体积的电源变压器，一般要采用螺钉固定。螺钉上最好加上弹簧垫圈，以防止螺钉或螺母的松动。磁棒的安装一般采用塑料支架固定。先将塑料支架插到印制电路板的支架孔位上，然后用电烙铁从印制电路板的反面给塑料固定脚加热熔化，使之形成铆钉将支架牢固地固定在电路板上，待塑料脚冷却后，再将磁棒插入即可。对于体积较大的电解电容器，可采用弹性夹固定。如图 3-25 所示。

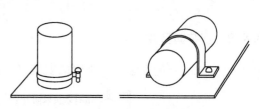

图 3-25　大电解电容的安装示意图

3.5　通孔插装电子元器件手工焊接工艺

3.5.1　手工焊接的操作要领

（1）焊接姿势。焊接时应保持正确的姿势。一般烙铁头的顶端距操作者鼻尖部位至少要保持 20cm 以上，通常 40cm，以免焊剂加热挥发出的有害化学气体吸入人体。同时要挺胸端坐，不要躬身操作，并要保持室内空气流通。

（2）电烙铁的握法。电烙铁一般有正握法、反握法、执笔法三种拿法，如图 3-26 所示。正握法适用于中等功率电烙铁或带弯头电烙铁的操作。反握法动

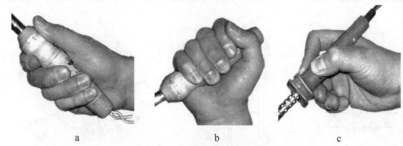

a　　　　　　　　　　b　　　　　　　　　　c

图 3-26　电烙铁的握法

a—正握法；b—反握法；c—执笔法

作稳定，长时间操作不易疲劳，适用于大功率电烙铁的操作。执笔法多用于小功率电烙铁在操作台上焊接印制电路板等焊件。

（3）焊锡丝的拿法。焊锡丝的拿法根据连续锡焊和断续锡焊的不同分为两种拿法。如图 3-27 所示。连续锡丝拿法是用拇指和食指握住焊锡丝，三手指配合拇指和食指把焊锡丝连续向前送进。它适用于成卷（筒）焊锡丝的手工焊接。断续锡丝拿法是用拇指、食指和中指夹住焊锡丝，采用这种拿法，焊锡丝不能连续向前送进。它适用于用小段焊锡丝的手工焊接。

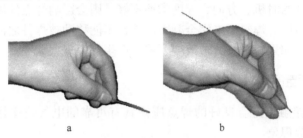

图 3-27 焊锡丝的拿法

a—连续锡丝拿法；b—断续锡丝拿法

3.5.2 手工焊接操作的步骤

焊接操作一般分为：准备施焊、加热焊件、填充焊料、移开焊丝、移开电烙铁五步。称为"五步法"。如图 3-28 所示。

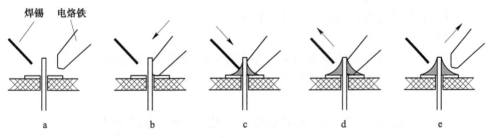

图 3-28 手工焊接五步法

a—准备施焊；b—加热焊件；c—熔化焊料；d—移开焊锡；e—移开电烙铁

（1）准备施焊。准备施焊是将焊接所需材料、工具准备好，如焊锡丝、松香助焊剂、电烙铁及其支架等。焊前对烙铁头要进行检查，查看其是否能正常"吃锡"。如果"吃锡"不好，就要将其锉干净，再通电加热并用松香和焊锡将其镀锡，即预上锡。

（2）加热焊件。加热焊件就是将预上锡的电烙铁放在被焊点上，使被焊件的温度上升。烙铁头放在焊点上时应注意，其位置应能同时加热被焊件与铜箔，并要尽可能加大与被焊件的接触面，以缩短加热时间，保护铜箔不被烫坏。

（3）熔化焊料。待被焊件加热到一定温度后，将焊锡丝放到被焊件和铜箔的交界面上，注意不要放到烙铁头上，使焊锡丝熔化并浸湿焊点。

（4）移开焊锡。当焊点上的焊锡已将焊点浸湿时，要及时撤离焊锡丝，以保证焊锡不至过多，焊点不出现堆锡现象，从而获得较好的焊点。

（5）移开电烙铁。移开焊锡后，待焊锡全部润湿焊点，并且松香助焊剂还未完全挥发时，就要及时、迅速地移开电烙铁，电烙铁移开的方向以45°角最为适宜。如果移开的时机、方向、速度掌握不好，则会影响焊点的质量和外观。

完成这五步后，焊料尚未完全凝固以前，不能移动被焊件之间的位置，因为焊料未凝固时，如果相对位置被改变，就会产生假焊现象。

3.5.3　焊点质量的基本要求

（1）电气接触良好。良好的焊点应该具有可靠的电气连接性能，不允许出现虚焊、桥接等现象。

（2）机械强度可靠。保证使用过程中，不会因正常的振动而导致焊点脱落。

（3）外形美观。焊点应该是明亮、清洁、平滑，焊锡量适中并呈裙状拉开，焊锡与被焊件之间没有明显的分界。

（4）焊点不应有毛刺和空隙。助焊剂过少会引起毛刺，气泡会造成空隙。

3.5.4　手工焊接的工艺要求

手工焊接的工艺要求如下：

（1）要保持烙铁头清洁，不要有杂物。

（2）要采用正确的加热方式，接触面尽量大。

（3）焊料、焊剂的用量要适中，焊接的温度和时间要掌握好。

（4）烙铁撤离的方法要掌握好。烙铁撤离的方向与焊料留存量的关系如图3-29所示。

（5）焊点凝固过程中不要移动焊件。否则焊点松动造成虚焊。

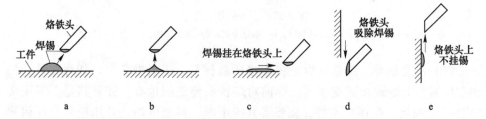

图3-29　烙铁撤离方向与焊料留存量图

a—烙铁头与轴向呈45°角撤离；b—水平向上撤离；c—水平方向撤离；

d—垂直向下撤离；e—垂直向上撤离

3.5.5 手工焊接通孔插装电子元器件

（1）装焊的顺序。元器件装焊的顺序原则是先低后高、先轻后重、先耐热后不耐热。一般的装焊顺序依次是电阻器、电容器、二极管、晶体管、集成电路、大功率管等。

（2）焊接常见的元器件。常见的元器件焊接方法如下：

1）电阻器的焊接。按图纸要求将电阻器插入规定位置，插入孔位时要注意，字符标注的电阻器的标称字符要向上（卧式）或向外（立式），色码电阻器的色环顺序应朝一个方向，以方便读取。插装时可按图纸标号顺序依次装入，也可按单元电路装入，依具体情况而定，然后就可对电阻器进行焊接。

2）电容器的焊接。将电容器按图纸要求装入规定位置，并注意有极性电容器的阴、阳极不能接错，电容器上的标称值要易看可见。可先装玻璃釉电容器、金属膜电容器、瓷介电容器，最后装电解电容器。

3）二极管的焊接。将二极管辨认正、负极后按要求装入规定位置，型号及标记要向上或朝外。对于立式安装二极管，其最短的引线焊接要注意焊接时间不要超过 2s，以避免温升过高而损坏二极管。

4）集成电路的焊接。将集成电路按照要求装入印制电路板的相应位置，并按图纸要求进一步检查集成电路的型号、引脚位置是否符合要求，确保无误后便可进行焊接。

3.5.6 焊接导线工艺

导线焊前要进行处理，剥绝缘层，预焊。导线的焊接种类分为导线与接线端子、导线与导线之间的焊接，一般采用绕焊、钩焊、搭焊。导线焊接的形式及方法如下：

（1）导线同接线端子的焊接。导线同接线端子的焊接通常用压接钳压接，无法使用时用绕焊、钩焊、搭焊。

（2）导线与导线的焊接。导线与导线之间的焊接以绕焊为主，主要操作步骤为：将导线去掉一定长度的绝缘层：端头上锡，并套上合适的套管：绞合，施焊；趁热套上套管，冷却后套管固定在接头处。导线与导线之间焊接的方式如图3-30 所示。

（3）导线与片状焊件的焊接。导线与片状焊件的焊接通常采用钩焊，外加绝缘套管，如图 3-31 所示。

（4）导线与环形焊件焊接。导线与环形焊件焊接通常采用插焊，外加绝缘套管，如图 3-32 所示。

（5）导线与槽形、板形、柱形焊件焊接。导线与槽形、板形、柱形焊件焊

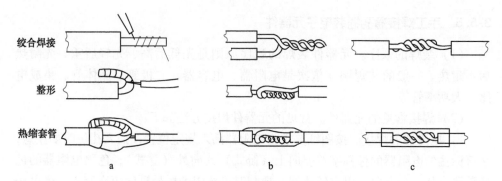

图 3-30　导线与导线之间焊接方式示意图

a—粗细不等的两根线；b—粗细相同的两根线；c—简化接法

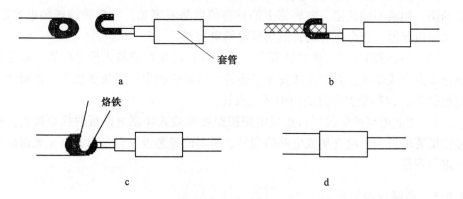

图 3-31　导线与片状焊件的焊接示意图

a—焊件预焊；b—导线钩焊；c—烙铁点焊；d—套热缩绝缘管

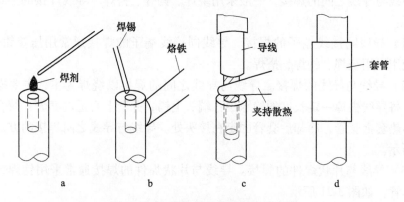

图 3-32　导线与环形焊件焊接示意图

a—预上助焊剂；b—预上焊锡；c—焊接导线；d—套上绝缘套管

接通常采用搭焊绕焊，外加绝缘套管，如图3-33所示。

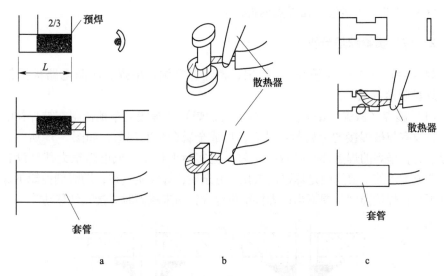

图 3-33 导线与槽形、板形、柱形焊件焊接示意图

a—槽形搭焊；b—柱形绕焊；c—板形绕焊

（6）导线在金属板上的焊接。导线在金属板上的焊接一般采用焊锡膏助焊，如图3-34所示。

（7）导线在PCB板上的焊接。导线应通过PCB的穿线孔，从元件面穿过，焊接在焊盘上。

（8）导线拆焊方法。导线拆焊方法为加热熔化焊锡，用镊子或尖嘴钳子拆下导线引线即可。

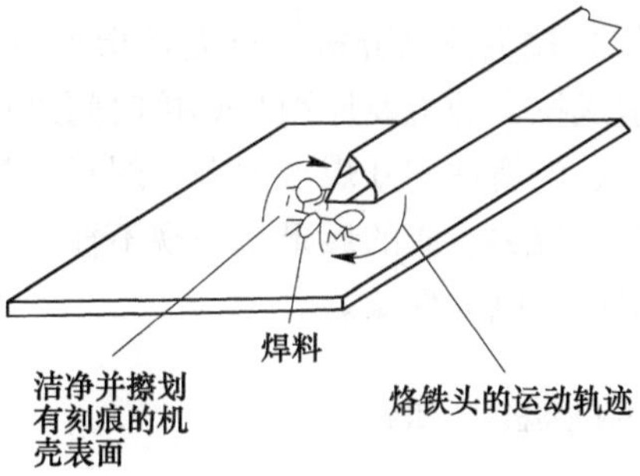

图 3-34 导线在金属板上的焊接

3.6 分析手工焊接质量缺陷

3.6.1 焊点的质量要求

焊接结束后，要对焊点进行外观检查。因为焊点质量的好坏，直接影响整机的性能指标。对焊点的基本质量要求有下列几点：

（1）防止假焊、虚焊和漏焊。

（2）焊点不应有毛刺、砂眼和气泡。

（3）焊点的焊锡要适量。

（4）焊点要有足够的强度。

（5）焊点表面要光滑。

（6）引线头必须包围在焊点内部。

3.6.2　焊接质量缺陷分析

焊点会存在虚焊（假焊）、拉尖、桥连、空洞、堆焊、印制电路板铜箔起翘、焊盘脱落等缺陷。

（1）虚焊（假焊）缺陷分析。虚焊（假焊）指焊锡简单地依附在被焊物的表面上，没有与被焊接的金属紧密结合，形成金属合金的现象，如图3-35所示。从外形上看，虚焊的焊点几乎是焊接良好，但实际上松动，或电阻很大甚至没有连接。造成虚焊的主要原因是焊接面氧化或有杂质，焊锡质量差；助焊剂性能不好或用量不当；焊接温度掌握不当；焊接结束但焊锡尚未凝固时焊接元件移动等。

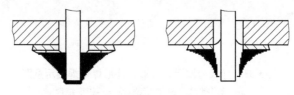

图 3-35　虚焊示意图

（2）拉尖缺陷分析。拉尖是指焊点表面有尖角、毛刺的现象。如图3-36所示。造成拉尖的主要原因是焊接时间过长使焊料黏性增加、烙铁头离开焊点的方向不对、电烙铁离开焊点太慢、焊料质量不好、焊料中杂质太多、焊接时的温度过低等。拉尖造成的后果是外观不佳、易造成桥接现象；对于高压电路，有时会出现尖端放电的现象。

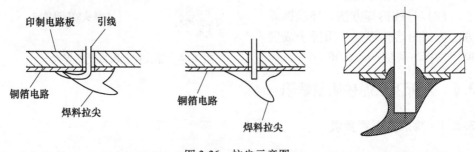

图 3-36　拉尖示意图

（3）桥接缺陷分析。桥接是指焊料将印制电路板中相邻的印制导线及焊盘连接起来的现象。如图3-37所示。造成桥接的主要原因是焊锡用量过多、电烙铁使用撤离方向不当。桥接造成的后果有可能导致产品出现电气短路、有可能使相关电路的元器件损坏。

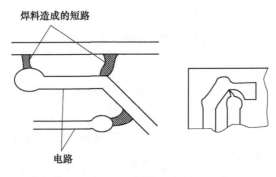

图 3-37 桥接示意图

（4）堆焊缺陷分析。堆焊是指焊点的焊料过多，外形轮廓不清，甚至根本看不出焊点的形状，而焊料又没有布满被焊物引线和焊盘，如图 3-38 所示。造成堆焊的原因是焊料过多，或者是焊料的温度过低，焊料没有完全熔化，焊点加热不均匀，以致焊盘、引线不能润湿等。

（5）空洞（不对称）缺陷分析。空洞是由于焊盘的插件孔太大、焊料不足，致使焊料没有全部填满印制电路板插件孔而形成的，如图 3-39 所示。除上述原因以外，如印制电路板焊盘插件孔位置偏离了焊盘中点，或插件孔周围焊盘氧化、脏污、预处理不良也会造成空洞。

图 3-38 堆焊示意图

图 3-39 空洞示意图

（6）印制板铜箔起翘、焊盘脱落缺陷分析。印制板铜箔起翘、焊盘脱落是指铜箔从印制电路板上翘起，甚至脱落，如图 3-40 所示。其主要原因是焊接时间过长、温度过高、反复焊接，或在拆焊时焊料没有完全熔化就拔取元器件。其后果是电路出现断路或元器件无法安装，甚至整个印制板损坏。

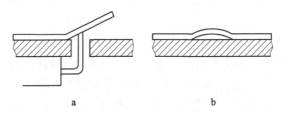

a   b

图 3-40 印制板铜箔起翘、焊盘脱落示意图
a—焊盘脱落；b—印制板铜箔起翘

除了上述缺陷外，还有其他一些焊点缺陷，如表 3-1 所示。

表 3-1　焊点其他缺陷分析表

焊点缺陷	外观特点	危　害	原因分析
焊料过少	焊料未形成平滑面	机械强度不足	焊丝撤离过早
松香焊	焊缝中夹有松香渣	强度不足，导通不良	助焊剂过多或已失效；焊接时间不足，加热不够；表面氧化膜未去除
冷焊	表面呈现豆腐渣状颗粒，可能有裂纹	强度低，导电性不好	焊料未凝固前焊件抖动或电烙铁瓦数不够
过热	焊点发白，无金属光泽，表面较粗糙	焊盘容易剥落，强度降低	电烙铁功率过大，加热时间过长
松动	导线或元器件引线可移动	导通不良或不导通	未凝固前引线移动造成空隙；引线未处理好，浸润差或不浸润
针孔	目测或低倍放大镜可见有孔	强度不足，焊点容易腐蚀	插件孔与引线间隙太大
气泡	引线根部内部藏有空洞	暂时通，但长时间容易引起导通不良	引线与插件孔间隙过大或引线浸润性不良

3.7　手工拆焊技能

3.7.1　手工拆焊技术

在调试或维修电子仪器时，经常需要将焊接在印制电路板上的元器件拆卸下来，这个拆卸的过程就是拆焊，有时也称为解焊。拆焊比焊接困难得多，若掌握不好，将会损坏元器件或印制电路板。

拆焊的常用工具和材料有普通电烙铁、镊子、吸锡器、吸锡电烙铁、吸锡材料等。拆焊的操作要点是：严格控制加热的温度和时间；拆焊时不要用力过猛；吸去拆焊点上的焊料。

3.7.2　拆焊方法

常用的拆焊方法有分点拆焊法、集中拆焊法和断线拆焊法。

（1）分点拆焊法。分点拆焊法是逐个对焊点进行拆除的方法。具体方法是将印制电路板竖起来夹住，一边用电烙铁加热待拆元器件的焊点，一边用镊子或尖嘴钳夹住元器件引线轻轻拉出，如图 3-41 所示。重焊时需用锥子将插件孔在加热熔化焊锡的情况下扎通。

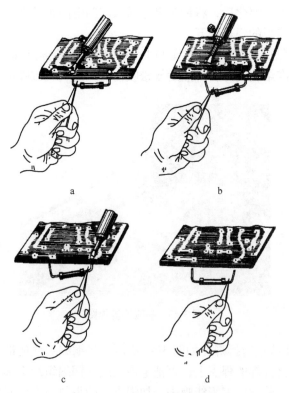

图 3-41 分点拆焊法示意图

a—镊子夹住一端，烙铁加热；b—焊锡融化后拉出一端引脚；

c—镊子夹住另一端，烙铁加热；d—拉出一端引脚

（2）集中拆焊法。集中拆焊法是同时对多个焊点进行拆除的方法，可采用多种工具进行拆除。具体方法如下：

1）选用医用空芯针头拆焊，如图 3-42 所示。将医用针头用钢挫挫平，作为拆焊的工具，具体方法是：一边用电烙铁熔化焊点，一边把针头套在被焊的元器

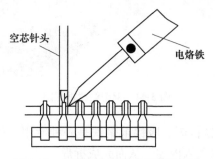

图 3-42 用医用空芯针头拆焊示意图

件引线上，直至焊点熔化后，将针头迅速插入印制电路板的插件孔内，使元器件的引线与印制电路板的焊盘脱开。

2）用吸锡器进行拆焊，如图 3-43 所示。将被拆的焊点加热，使焊料熔化，将吸锡器吸嘴对准熔化的焊料，然后放松吸锡器，焊料就被吸进吸锡器内。

图 3-43　吸锡器拆焊图

3）用铜编织线进行拆焊，如图 3-44 所示。将铜编织线的部分吃上松香助焊剂，然后放在将要拆焊的焊点上，再把电烙铁放在铜编织线上加热焊点，待焊点上的焊锡熔化后，就被铜编织线吸去。如焊点上的焊料一次没有被吸完，则可进行第二次、第三次，直至吸完。铜编织线吸满焊料后，就不能再用，需要把已吸满焊料的部分剪去。

图 3-44　铜编织线拆焊图

4）采用吸锡电烙铁拆焊。吸锡电烙铁是一种专用于拆焊的烙铁，它能在对焊点加热的同时，把锡吸入内腔，从而完成拆焊。

（3）断线拆焊法。断线拆焊法是把引线剪断后再进行拆焊，适用于已损坏的元器件的拆焊。如图 3-45 所示。

图 3-45 断线拆焊示意图

3.8 实战检验：调幅收音机的手工装配焊接

手工装配焊接通孔插装元器件电子产品的技能是从事电子产品生产的基本技能，只有熟练掌握好通孔插装元器件电子产品的手工基本装配焊接技术，才能在实际的电子产品生产工作岗位上应对一般的装配焊接任务，不被岗位所淘汰。

3.8.1 明确任务要求

（1）根据印制电路板及元件装配图对照电原理图（图 3-46）和材料清单（表 3-2），对已经检测好的元器件进行成型加工处理。

（2）对照印制电路板及元件装配图（图 3-47），按照正确装配顺序进行元器件的插装，用 20W 内热式电烙铁进行手工焊接。

（3）装配焊接后进行检查，无误后装入机壳通电试机。

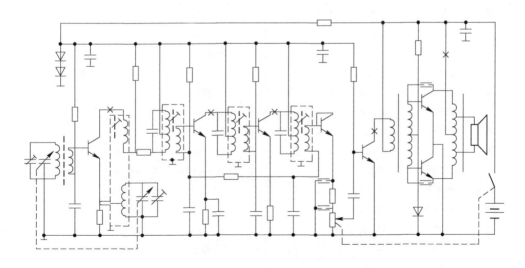

图 3-46 XH108-2 七管超外差调幅收音机电原理图

表 3-2　XH108-2 调幅收音机材料清单

序号	名称	规格	数量/个	安装位	序号	名称	规格	数量/个	安装位
1	电阻器	100kΩ	1	R_1	34	三极管	9018H	1	V_2
2	电阻器	2kΩ	1	R_2	35	三极管	9018H	1	V_3
3	电阻器	100Ω	1	R_3	36	三极管	9018H	1	V_4
4	电阻器	20kΩ	1	R_4	37	三极管	9013H	1	V_5
5	电阻器	150Ω	1	R_5	38	三极管	9013H	1	V_6
6	电阻器	62kΩ	1	R_6	39	三极管	9013H	1	V_7
7	电阻器	51Ω	1	R_7	40	磁棒	BS4×13×55mm	1	B_1
8	电阻器	1kΩ	1	R_8	41	天线线圈	12×32mm	1	B_1
9	电阻器	680Ω	1	R_9	42	振荡线圈	MLL70-1 红	1	B_2
10	电阻器	51kΩ	1	R_{10}	43	中频变压器	MLT70-1 黄	1	B_3
11	电阻器	1kΩ	1	R_{11}	44	中频变压器	MLT70-2 白	1	B_4
12	电阻器	220Ω	1	R_{12}	45	中频变压器	MLT70-3 黑	1	B_5
13	电阻器	24kΩ	1	R_{13}	46	输入变压器	小功率蓝绿	1	B_6
14	电位器	NWD 5kΩ	1	W	47	输出变压器	小功率黄红	1	B_7
15	双联	CBM-223P	1	C_1	48	扬声器	0.25W8Ω	1	Y
16	电容器	0.022μF	1	C_2	49	前框		1	
17	电容器	0.01μF	1	C_3	50	后盖		1	
18	电解电容	4.7μF/10V	1	C_4	51	周率板		1	
19	电容器	0.022μF	1	C_5	52	调谐盘		1	
20	电容器	0.022μF	1	C_6	53	电位盘		1	
21	电容器	0.022μF		C_7	54	磁棒支架		1	
22	电容器	0.022μF	1	C_8	55	印制板		1	
23	电容器	0.022μF	1	C_9	56	正极片		2	
24	电解电容	4.7μF/10V	1	C_{10}	57	负极簧		2	
25	电容器	0.022μF	1	C_{11}	58	调谐盘螺钉	沉头 M2.5×4mm	1	
26	电容器	0.022μF	1	C_{12}	59	双联螺钉	M2.5×5mm	2	
27	电容器	0.022μF	1	C_{13}	60	机芯自攻螺钉	M2.5×6mm	1	
28	电解电容	100μF/63V	1	C_{14}	61	电位器螺钉	M1.7×4mm	1	
29	电解电容	100μF/63V	1	C_{15}	62	正极导线	9cm	1	
30	二极管	1N4148	1	D_1	63	负极导线	10cm	1	
31	二极管	1N4148	1	D_2	64	扬声器导线	10cm	2	
32	二极管	1N4148	1	D_3	65	电路图		1	
33	三极管	9018G	1	V_1	66	元件清单		1	

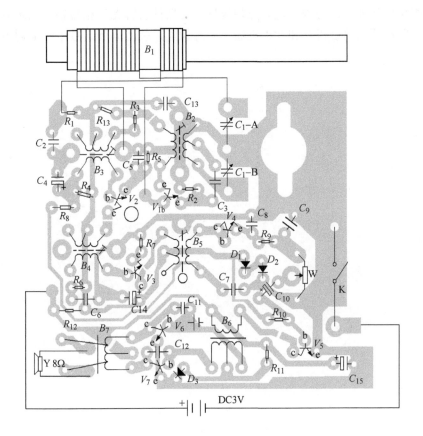

图 3-47 XH108-2 调幅收音机印制电路板及元件装配图（焊接面）

3.8.2 进行元器件引线成型

对电阻、电容、二极管、晶体管的引线成型可根据安装位置和尺寸进行引线成型。量好元器件焊盘间的距离，对于轴线类元件可采用立式安装方式进行成型，电容和晶体管根据实际尺寸进行成型处理。用手动工具扁嘴钳子或镊子按照成型工艺要求进行加工处理。

3.8.3 进行元器件的插装焊接

对分立件调幅收音机的装配采取的顺序为：双联电容—中周—输入、输出变压器—电位器—耳机插座—电阻器—电容器—二极管—晶体管—天线—跨接线—电池夹—扬声器。依次将这些元器件插装准确的位置上。然后进行一个焊点一个焊点的焊接，用 20W 内热式电烙铁，按照手工焊接工艺要求进行焊接，保证焊点质量。焊好后用斜口钳或剪刀将多余的引线剪掉，引脚高度保留 1mm 左右。装配焊接后仔细进行检查，把断点焊接好，元器件引脚无互相碰触短路现象，检查无问题后装入前后机壳和度盘旋钮，上好螺丝，装上 2 节 5 号干电池通电试机即可。

4 通孔插装元器件的自动焊接工艺技术

把电子元器件牢固可靠地焊接到印制电路板上，是电子产品装配的重要环节。焊接是电子产品组装的重要工艺，焊接质量的好坏直接影响电子产品的性能。传统的有引线元器件安装采用插装技术，在电子产品生产中广泛应用。安装方法可以手工插装，也可以利用自动化设备进行安装，无论用哪一种方法，都要求被装配的元器件的形状和尺寸简单，一致，方向易于识别，插装前都要对元器件进行预处理等。

目前，电子产品大规模生产大都采用自动焊接技术，在产品研制、设备维修，以及一些大规模、大型电子产品的生产中，广泛应用自动焊接。对于通孔插装元器件的自动焊接，更是从事电子技术工作人员所必须掌握的操作技能。

4.1 浸焊工艺技术

浸焊是将插好元器件的印制电路板，浸入盛有熔融锡的锡锅内，一次性完成印制板上全部元器件焊接的方法，它比手工焊接生产效率高，操作简单，适于批量生产。

浸焊的工作原理是让插好元器件的印制电路板水平接触熔融的铅锡焊料，使整块电路板上的全部元器件同时完成焊接。由于印制板上的印制导线被阻焊层阻隔，浸焊时不会上锡，对于那些不需要焊接的焊点和部位，要用特制的阻隔膜（或胶布）贴住，防止不必要的焊锡堆积。

能完成浸焊功能的设备称为浸焊机，浸焊机价格低廉，现在还在一些小型企业中使用。图 4-1 所示为浸焊机和浸焊焊接示意图。

常用的浸焊机有两种：一种是带振动头的浸焊机，另一种是超声波浸焊机。超声波浸焊机如图 4-2 所示。

4.1.1 手工浸焊工艺

手工浸焊是由装配工人用夹具夹持装好元件待焊接的印制板浸在锡锅内完成的浸锡方法，其步骤和要求如下：

（1）锡锅的准备。将锡锅加热，熔化焊锡的温度为 230~250℃，并及时去除焊锡层表面的氧化层。有些元器件和印制电路板较大，可将焊锡温度提高到

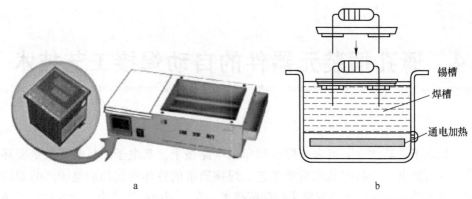

图 4-1　浸焊机和浸焊焊接示意图

a—浸焊机；b—浸焊焊接示意图

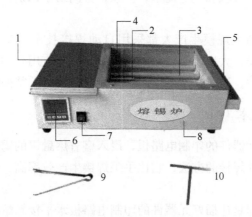

图 4-2　超声波浸焊机

1—机盖；2—传感器；3—加热管；4—锡槽；5—收集槽；6—温控仪表；
7—电源开关；8—主机；9—夹板；10—刮锡板

260℃左右。

（2）印制板的准备。将装好元器件的印制板涂上助焊剂。通常是在松香酒精溶液中浸渍，使焊盘上涂满助焊剂。

（3）浸焊。用夹具将待焊接的印制板夹好，水平的浸入锡锅中，使焊锡表面与印制线路板的底面完全接触。浸焊深度以印制板厚度的 50%~70% 为宜，切勿使印制板全部浸入锡中。浸焊时间以 3~5s 为宜。

（4）完成浸焊。在浸焊时间到后，要立即取出印制板。稍冷却后，检查质量，如果大部分未焊好，可重复浸焊，并检查原因。个别焊点未焊好可用烙铁手工补焊。

印制板浸焊的关键是印制板浸入锡锅，此过程一定要平稳，接触良好，时间适当。手工浸焊不适用大批量的生产。

4.1.2　自动浸焊工艺

　　自动浸焊一般利用具有振动头或是超声波的浸焊机进行浸焊。将插装好元器件的印制板放在浸焊机的导轨上，由传动机构自动导入锡锅，浸焊时间 2 ~ 5s。由于具有振动头或为超声波，能使焊料深入焊接点的孔中，焊接更可靠，所以自动浸焊比手工浸焊质量要好。自动浸焊的工艺流程如图 4-3 所示。

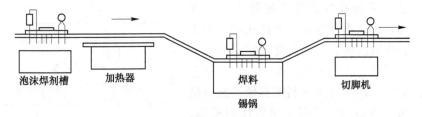

泡沫焊剂槽　　　加热器　　　　　焊料　　　　　　切脚机
　　　　　　　　　　　　　　　　锡锅

图 4-3　自动浸焊的工艺流程图

4.1.3　浸焊工艺中需要的注意事项

　　（1）焊料温度控制。一开始要选择快速加热，当焊料熔化后，改用保温档进行小功率加热，既可防止由于温度过高加速焊料氧化，保证浸焊质量，也可节省电力消耗。

　　（2）焊接前须让电路板浸渍助焊剂，并保证助焊剂均匀涂敷到焊接面的各处。有条件的，最好使用发泡装置，有利于助焊剂涂敷。

　　（3）在焊接时，要特别注意电路板底面与锡液完全接触，保证板上各部分同时完成焊接，焊接的时间应该控制在 3s 左右。离开锡液的时候，最好让板面与锡液平面保持向上倾斜的夹角，$\delta \approx 10° ~ 20°$，这样不仅有利于焊点内的助焊剂挥发，避免形成夹气焊点，还能让多余的焊锡流下来。

　　（4）在浸锡过程中，为保证焊接质量，要随时清理刮除漂浮在熔融锡液表面的氧化物、杂质和焊料废渣，避免其进入焊点造成夹渣焊。

　　（5）根据焊料使用消耗的情况，及时补充焊料。

4.1.4　浸焊的优缺点

　　优点是浸焊比手工焊接效率高，设备也比较简单。缺点有两方面：一是由于锡槽内的焊锡表面是静止的，表面上的氧化物极易粘在被焊物的焊接处，从而造成虚焊；二是焊料与印制板接触面积大，又由于温度高，容易烫坏元器件，并导致印制电路板变形。所以，在现代的电子产品生产中已逐渐被波峰焊所取代。

4.2 波峰焊工艺技术

波峰焊是将已插装好元器件的印制电路板置于传送装置上，以一定的速度和角度通过熔融焊料形成的特定形状的焊料波涌，以一定的浸入深度与焊料峰相接触，从而逐步实现焊点焊接的过程。这种方法适合于大批量焊接印制板，特点是质量好、速度快、操作方便，如与自动插件器配合，即可实现半自动化生产。

能够完成波峰焊的设备被称为波峰焊机。波峰焊机是由浸焊机发展而来的，由于浸焊静态焊料液面的极易氧化和接触面积大的缺陷，因此，人们想到用涌动的焊料克服浸焊的缺陷。在焊料槽内利用机械式或电磁式离心泵，将熔融的焊料从槽底压向喷嘴，从而形成一股向上平稳涌出的焊料波，并连续不断的喷涌，如图4-4所示。

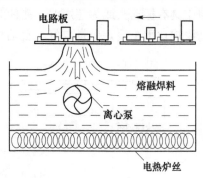

图4-4 波峰焊机焊锡槽示意图

4.2.1 波峰焊的原理

装有元器件的印制电路板以平面直线匀速运动的方式通过焊料波峰，波峰的表面由于与空气接触，因此覆盖着一层薄薄的氧化层，在电路板到达波峰进行波峰焊接过程中，电路板的焊接面与焊料波的前沿表面相接触，使氧化层破裂，电路板前面的焊料波被电路板推着向前行进，氧化层与电路板以同样的速度移动，氧化层在焊接的整个过程中，与电路板保持静态。当电路板移动到焊料波峰前段时，电路板的焊接面与焊料波峰接触，基板与焊盘被焊料浸润，桥连在一起。在电路板离开焊料波峰尾端的瞬间，一部分焊料在润湿力的作用下，附着在焊盘上，加上表面张力的作用，以引线为中心收缩至最小的状态，由于焊料与焊盘间的润湿力大于两焊盘之间焊料的内聚力，因此形成饱满、圆润的焊点。电路板焊接面上多余的焊料，在离开焊料波峰尾部时，由于重力的作用，就回落到焊锡槽中，在电路板焊接面上就形成了焊点而完成焊接。焊料波峰为一排，电路板不断向前移动，焊锡槽不断向上喷出焊料波，当整个电路板离开焊料波峰后，整个电路板焊接面上的所有焊盘就完成了焊接。

4.2.2 波峰焊工艺过程

波峰焊的工艺过程包括治具安装、喷涂助焊剂、预热、波峰焊接、冷却5个步骤。下面分别介绍各步骤的具体内容。波峰焊机的内部结构示意图如图4-5所示。

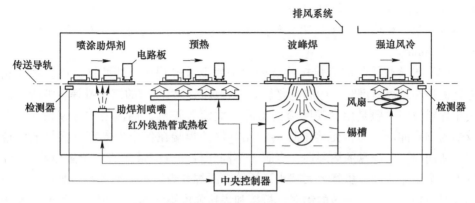

图 4-5　波峰焊机的内部结构示意图

（1）治具安装。治具安装是指给待焊接的印制电路板安装夹持的治具。插装好元器件的印制电路板放到波峰焊机夹具中，调整夹具使电路板四周与夹具贴紧，扣上夹具扣，力度要适中。然后把夹好电路板的夹具放到传送装置导轨的始端，调整导轨宽度，使夹具在导轨上松紧合适。治具安装可以有效地限制基板受热变形的程度，也可以防止冒锡现象的发生，确保波峰焊的稳定。

（2）喷涂助焊剂。助焊剂喷涂系统的功能是均匀地向印制电路板焊接面涂覆一层助焊剂，涂覆助焊剂的作用是除去印制电路板焊接面上待焊接的焊盘和元器件引线表面的氧化层，并防止焊接过程中的再次氧化。要求涂敷助焊剂一定要均匀，不能产生堆积情况，否则将容易导致波峰焊接时的开路或短路现象。

印制电路板由波峰焊机入板处的接驳输入装置以一定的倾角和速度沿传送轨道送入波峰焊机的端头，连续运转的链爪夹持印制电路板继续向前行进，途径传感器感应，助焊剂喷头沿着治具的起始位置来回匀速喷出雾状助焊剂；这样电路板的焊接面所有的裸露焊盘、元器件引脚表面都均匀地涂敷了一层薄薄的助焊剂。一般是采用节能型的助焊剂喷涂系统，即电路助焊剂喷涂系统有喷雾式、喷流式和发泡式三种。目前使用最多的是喷雾式助焊系统。喷雾式助焊系统有超声波击打助焊剂和微细喷嘴喷雾助焊剂两种方式；前者通过超声波击打使助焊剂颗粒变得更小，然后再用喷嘴喷涂到印制电路板的焊接面上；后者是采用微细喷嘴喷雾方式，这种喷雾式的喷涂更均匀并且控制容易，喷雾的宽度、高度和喷雾量可自动调节，是主流方式。

（3）预热。预热是印制电路板沿导轨继续进入预热区域，对印制电路板预加热，以免受到热冲击产生电路板翘曲和变形。预热系统一般采用红外线预热方式。预热的作用是使助焊剂中的活性剂进行分解和活性化，去除印制电路板表面的氧化层和污染物，同时防止发生焊接时再度氧化；通过预热，助焊剂当中的溶剂被加热挥发掉，避免波峰焊接时溶剂产生气体形成气泡；预热还避免了元器件波峰焊焊接时受到大的热冲击而破裂。预热温度一般为 90~150℃，可分为三个预热区，第一预热区 90℃，第二预热区 110℃，第三预热区 150℃。预热时间一般为 1~3min。

（4）波峰焊接。波峰焊接系统一般采用双波峰焊接，即两排波峰。在印制电路板在经过焊料槽时，印制电路板先接触焊料槽喷涌出的第一排焊料波峰。第一排焊料波峰一般是由窄喷嘴喷涌出的"湍流"波峰，湍流波的流速快，具有较高的垂直冲击压力，使熔融焊料对元器件的焊端在各个方向都有很好的渗透性，从而提高了焊盘的润湿性，克服了不同元件和方向带来的"遮蔽效应"。经过第一个湍流波后，虽然大大减小了桥接、漏焊和焊缝不充实等焊接缺陷，但因焊接时间短，还存在很多的锡多、桥接和焊接强度不够等不良现象，因此，紧接着接触焊料槽喷涌出的第二排焊料波峰，进行焊接不良的修正。第二排焊料波峰一般是喷流面较平较宽阔、波峰较稳定的"平滑"的"宽平波"，"宽平波"流动速度慢并且宽平，这样有利于形成充实的焊缝，并可以有效地去除焊点上过量的焊料，消除了可能形成的桥接和拉尖现象，确保印制电路板焊接面焊点的质量。

波峰焊接导轨的倾角一般应控制在 5°~7°之间。波峰焊的波峰高度以压锡深度为 PCB 厚度的 1/2~2/3 为准，焊接温度应控制在 250℃上下 5℃左右，电子产品在波峰焊锡炉上的焊接时间为 3~4s。

（5）冷却。焊接后必须立即进行冷却，这样有助于焊点的快速成型增强焊点的结合强度。冷却的方式一般有风冷和水冷，目前大都采用强迫风冷，即直接用风扇吹印制电路板。

4.2.3　波峰焊工艺要求

（1）波峰焊接的基本要求。波峰焊接要求各环节相互配合，才能保证焊接质量，具体要求如下：

1）对焊料的要求。波峰焊一般采用 Sn63/Pb37 的共晶焊料，熔点为 183℃。Sn 的含量（质量分数）应该保持在 61.5% 以上，并且 Sn/Pb 两者的含量比例误差不得超过 ±1%。根据设备的使用情况，每隔三个月到半年定期检查焊料中的 Sn 的含量和主要金属杂质含量。如果不符合要求，可以更换焊料或采取其他措施。当 Sn 的含量低于标准时，可以添加纯 Sn 以保证含量比例。

2）对助焊剂的要求。焊接使用的助焊剂要求表面张力小，黏度小于熔融焊料，密度为 0.82~0.84g/mL，可以用相应的溶剂来稀释调整，焊接后容易清洗。对于要求不高的电子产品，可以采用中等活性的松香助焊剂，焊接后不必清洗，当然也可以使用免清洗助焊剂。通信、计算机等电子产品，可以采用免清洗助焊剂，或者用清洗型助焊剂，焊接后进行清洗。

3）对焊料添加剂的要求。在波峰焊的焊料中，还要根据需要添加和补充一些辅料，比如防氧化剂和锡渣减除剂。防氧化剂可以减少高温焊接时焊料的氧化，不仅可以节约焊料，还能提高焊点质量。锡渣减除剂能让熔融的焊料与锡渣分离，防止锡渣混入焊点，并节省焊料。

4）对波峰高度及波峰平稳性的要求。波峰高度是作用波的表面高度。较好的波峰高度是以波峰达到线路板厚度的 1/2~2/3 为宜。波峰过高易拉毛、堆锡，还会使锡溢到线路板上面，烫伤元件；波峰过低，易漏焊和挂焊。

5）对焊接温度的要求。焊接温度是指印制电路板焊接面的被焊接处与熔融的焊料接触时的温度。温度不宜过高或过低，一般控制在 250℃ 上下 5℃ 左右。温度过低会造成虚焊、假焊及拉尖现象；温度过高会造成印制电路板变形和烫伤元器件。

6）对传递速度的要求。导轨沿倾角运行的速度就是印制电路板的传递速度。印制电路板的传递速度决定了焊接面接触熔融焊料的焊接时间。速度要适中，速度过快，则接触熔融焊料的焊接时间短，容易造成虚焊，假焊、桥接等不良现象；速度过慢，则接触熔融焊料的焊接时间长，容易使印制电路板变形和烫伤元器。焊接点与熔化的焊料所接触的时间以 3~4s 为宜，即印制板选用 1m/min 左右的速度。

7）对传递角度的要求。在印制板的前进过程中，当印制板与焊料的波峰成一个角度时，则可以减少挂锡、拉毛、气泡等不良现象，所以在波峰焊接时印制板与波峰通常成 5°~8° 的仰角。

8）对氧化物清理的要求。锡槽中焊料长时间与空气接触易氧化，氧化物漂浮在焊料表面，积累到一定程度，会随焊料一起喷到 PCB 上，使焊点无光泽，造成渣孔和桥连等缺陷，因此要定期清理氧化物。一般每四小时清理一次，并在焊料中加入抗氧化剂。

（2）波峰焊的温度工艺参数的控制。波峰焊接过程的温度可分为三个温度区域，分别为预热区、焊接区、冷却区。双波峰焊理想的焊接温度曲线如图 4-6 所示。各温度区域的工艺参数控制如下：

1）预热区温度工艺参数控制。在预热区，印制电路板和插好的元器件被充分的预热，可以有效地避免波峰焊接时焊件的急剧升温所产生的热损伤。印制电路板的预热温度和预热时间与印制电路板的面积、板厚、插装的元器件的数量和尺寸有关。在印制电路板焊接面的预热温度应该控制在 90~130℃ 之间。对于混装印制电路板和多层板预热温度可取 130℃，一般的可取 110℃。预热时间由传送导轨的传送速度和预热区的长度决定。传送速度快，则预热时间短，预热温度低，助焊剂中的溶剂得不到充分的挥发，波峰焊接时就会产生气体，容易发生气孔、锡珠等焊接缺陷；如传送速度慢，则预热时间长，预热温度高，助焊剂被提

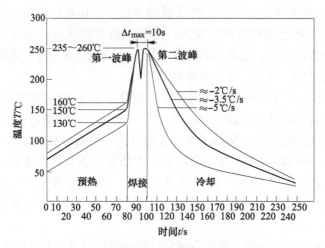

图 4-6　理想的双波峰焊的焊接温度曲线

前分解挥发掉，助焊剂的活性失效，使波峰焊接时焊点产生拉尖、桥接等焊接缺陷。不同印制电路板在波峰焊时的预热温度进行设置可以参考表 4-1。

表 4-1　不同印制电路板在波峰焊时的预热温度

PCB 类型	元器件种类	预热温度/℃
单面板	THC+SMD	90~100
双面板	THC	90~110
双面板	THC+SMD	100~110
多层板	THC	110~125
多层板	THC+SMD	110~130

2）焊接区温度工艺参数控制。为了使焊点的质量达到要求，避免出现不良现象，必须控制好波峰焊接时的温度和时间。波峰焊接时的温度与焊料槽的熔融焊料温度有关，波峰焊接时间与传送导轨的运行速度有关。波峰焊接温度过低，熔融焊料的表面黏性大，流动性不好，不能充分地对焊件进行浸润和扩散，就使焊点表面粗糙不光滑，容易产生桥接和拉尖的现象；波峰焊接温度过高，就会使助焊剂被碳化失去活性，使焊点发乌没有光泽、不饱满圆润，还容易损坏电路板和元器件。熔融焊料波峰表面温度一般在 250℃±5℃ 的范围之内。在温度一定的情况下，焊接时间决定了焊点和元器件的受热量。波峰焊接的时间可以通过调整传送导轨的速度来控制。传送的速度又要同波峰焊机的长度、预热区的温度、波峰焊接的温度等因素相配合进行调整。通常，以每个焊点接触熔融焊料波峰的时间来作为焊点的焊接时间，一般焊接时间应控制在 3~4s。根据实践经验，双波峰焊的第一个焊料波峰一般设置为 235~240℃、1s，第二个焊料波峰一般设置为

240~260℃、3s。

3）冷却区温度工艺参数控制。为了使焊盘上的焊料迅速结晶形成牢固的焊点，焊接后应立即冷却。冷却区温度应根据产品的工艺要求、环境温度以及印制电路板传送速度等来确定，冷却区温度一般以一定负温度速度下降，可设置成 -2℃/s、-3℃/s、-5℃/s。

4.3 波峰焊机的操作

4.3.1 认识常见的波峰焊机

新型波峰焊机外形如图 4-7 所示。常见的波峰焊机有斜坡式波峰焊机、高波峰焊机、双波峰焊机。

图 4-7 新型波峰焊机外形图

（1）斜坡式波峰焊机。斜坡式波峰焊机是一种单波峰焊机，它与一般波峰焊机的区别在于传送导轨是以一定的角度的斜坡式安装的，如图 4-8a 所示。这种波峰焊机优点是：假如电路板以与一般波峰焊机同样速度通过波峰，等效增加了焊点浸润时间，增加了电路板焊接面与焊锡波峰接触的长度，从而提高了传送导轨的运行速度和焊接效率，不仅有利于焊点内的助焊剂挥发，避免形成夹气焊点，还能让多余的焊锡流下来，保证了焊点的质量。

（2）高波峰焊机。高波峰焊机也是一种单波峰焊机，它的焊锡槽及其锡波喷嘴如图 4-8b 所示，它适用于 THT 元器件长脚插焊工艺。高波峰焊机的特点是焊料槽中喷涌出的焊料波有比较高的高度，可以按需要灵活进行调节，确保元器件的长引脚从锡波里顺利通过焊锡槽。这种高波峰焊机一般在波峰焊机的后面配置切脚机，用来剪短元器件的长引脚。

（3）双波峰焊机。为了适应 SMT 技术的发展，为了适应焊接那些 THT+SMT

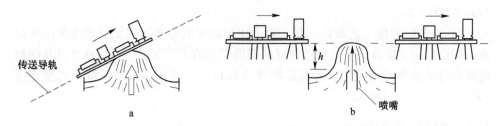

传送导轨

h

喷嘴

a

b

图 4-8 斜坡式波峰焊机和高波峰焊机

a—斜坡式波峰焊机；b—高波峰焊机（h 为焊料波高度）

混合元器件的电路板，在单波峰焊机基础上改进形成了双波峰焊机，即有两个波峰。双波峰焊机的焊料波形有三种：空心波、紊乱波、宽平波。一般双波峰焊机的两个焊料波峰的形式不一样，最常见的双波峰组合是"紊乱波"＋"宽平波"，"空心波"＋"宽平波"。双波峰焊机的焊料波形图如图 4-9 所示。不同的波形对焊接的影响不同，具体如下：

1）空心波。空心波的波形是在焊料波峰的中部形成一个空心的区域，两边的焊料都是从中间向外喷涌，方向是相反的。这样可使元器件不会推离基板，因此，印制电路板上的元器件不会因为波峰焊接而掉落。空心波的波形结构，决定了它可以从不同的方向进行浸润，消除了"阴影效应"。由于空心波的中心空，因此，它的截面积小，波柱较薄，与印制电路板焊接面的接触面积小，对基板的热损伤小，降低了元器件波峰焊接时的热损坏的概率。还有利于焊接时对助焊剂的热分解的气体的排放，避免了气体的"遮蔽效应"。

2）紊乱波。紊乱波的波形是多个向上喷涌的多个方向的小波峰，看起来像是平面的泉涌。在双波峰就焊接机中，采用空心波喷口，用一块带有多个小孔的平板放置在喷嘴出口的位置处，就可以形成由多个小波峰构成的紊乱波。紊乱波由于是多个方向的杂乱波，因此，可以很好地消除一般波峰焊的"遮蔽效应"和"阴影效应"。

3）宽平波。宽平波的波形是波面宽而平，涌速较小。在双波峰焊接机中，

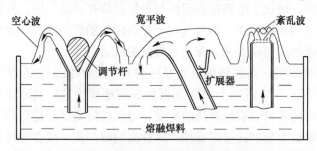

空心波   宽平波   紊乱波

调节杆   扩展器

熔融焊料

图 4-9 双波峰焊机的焊料波峰波形图

一般作为第二个波峰出现。可在焊料槽的焊料喷嘴出口处安装扩展器进行波面扩展，熔融的焊料从倾斜的喷嘴喷涌出来，借助于扩展器在顺着印制电路板行进的方向形成偏向的宽阔平波。宽平波两面的熔融焊料的流速是不一样的，逆着印制电路板行进方向的波面流速较大，对印制电路板的焊接面有很好的擦洗作用；顺着印制电路板行进方向的波面宽而且平，焊料流速小，使焊件可获得较好的焊接后热效应，起到焊接面得到修整、焊点轮廓得到丰满、拉尖和桥接得到消除的效果。

4.3.2　波峰焊机的操作步骤

（1）做好焊接前的准备工作。焊接前要做好如下准备工作：

1）检查波峰焊机配备的通风设施是否良好；检查焊料槽温度指示器指示是否正常。

2）检查预热系统的预热装置是否正常：打开预热装置的开关，看是否有升温的变化，看温度设置是否正常。

3）检查助焊剂容器压缩空气的供给是否正常，调好进气阀，再拧紧限压阀。

（2）波峰焊机操作流程。波峰焊机操作一般流程具体如下：

1）开炉。打开波峰焊机总电源，打开通风开关，打开助焊剂喷涂器的进气开关；根据 PCB 宽度用手摇动调整把调整波峰焊机传送带的宽度。

2）参数设置。打开电脑，进入参数设置界面，进行各种工艺参数的设置。助焊剂喷涂选择断续，预热温度一区设定 90℃，二区设定 110℃，三区设定 150℃。波峰焊锡炉温度，第一波峰锡液温度设定在 235～245℃，第二波峰锡液温度设定在 245～255℃，尽量不要超过 260℃，传送带速度根据不同的波峰焊机和待焊接 PCB 的情况设定，一般为 0.8～1.2m/min。传送带倾角设定在 5°～7°。

3）焊接启动。参数设置好后，点击启动。焊料槽开始加热，当焊料温度达到设定数据时，波峰焊机传送装置启动，检查导轨链爪运行是否正常；检查锡液面，清除锡面残余氧化物，在锡面干净后添加防氧化剂；若锡液面太低要及时添加焊料；检查助焊剂，如果液面过低需加适量助焊剂。

4）焊接实施。把插好元器件的印制电路板装入夹具，然后把夹具放到传送导轨的始端；装有印制电路板的夹具随链爪自动向前行进，观察设备自动运行的情况。当通过助焊剂喷涂区时观察喷涂助焊剂是否正常，当通过预热区时观察红外线加热是否正常，当通过焊接区时观察波峰喷涌的高度和元器件的移动状况，当通过冷却区时，检查风冷是否正常，焊好的板子在出口处送出取出板子，观察焊接情况，根据头板焊接质量，进行工艺参数的调整，再进行批量波峰焊接。

5）焊后操作。焊接工作结束，在电脑显示界面上点击停止按键。关闭电脑，关闭气源；关闭总电源开关。将冷却后的助焊剂容器及喷涂口擦洗干净；将波峰焊机及夹具清洗干净。清除焊料槽中焊料渣和氧化物。清扫作业现场。

4.4　波峰焊接质量缺陷

波峰焊接质量缺陷主要有以下几种：

（1）沾锡不良。沾锡不良是不可接受的缺点，在焊点上只有部分沾锡。沾锡不良焊盘的铜箔不会露出，但焊锡只有薄薄的一层，无法形成饱满的焊点，如图 4-10 所示。沾锡不良可能是因为焊接温度低，助焊剂喷涂量少，吃锡时间不够。通孔孔径与引脚直径不匹配，焊料波高度低都会导致上锡高度不够。提高预热和焊接温度，多喷涂些助焊剂等可以解决问题。

（2）冷焊。冷焊是焊点看上去像是碎裂了，不平整，如图 4-11 所示。冷焊的原因大部分是因为焊点还没有结晶时引脚振动造成的，也可能是焊盘或引脚发生氧化，焊接温度过低或焊接时间短。

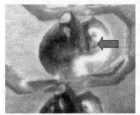
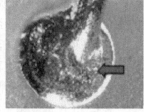

图 4-10　沾锡不良现象　　　　　图 4-11　冷焊的现象

（3）焊点破裂。焊点破裂通常是由于基板、焊孔、元器件引脚、焊锡之间的膨胀系数不一致造成的，这个主要是在设计上去改善，尽量使它们的膨胀系数接近。

（4）拉尖。拉尖是在元器件引脚顶端或焊点上发现有冰尖般的锡，如图 4-12 所示。可能的原因：基板上焊盘面积过大，焊料温度低沾锡时间短，基板的可焊性差。可通过提升助焊剂的比重，提高焊料槽的温度和调慢传送印制电路板的速度而加长其焊接时间来改善。

（5）虚焊和假焊。虚焊和假焊是焊料没有与焊件焊接良好，电气连接不良。如图

图 4-12　拉尖现象

4-13 所示。可能原因：元件引脚、焊盘氧化或污染，或印制板受潮；助焊剂活性差；阴影效应造成漏焊；PCB 板翘曲使其与波峰接触不良；预热温度过高，使助焊剂碳化失去活性，造成润湿不良。

（6）桥连。桥连是不该连接的焊点之间进行了电气连接，如图 4-14 所示。

可能的原因：焊接温度设置过低或传送速度过快，焊接时间过短，助焊剂喷涂量过少，焊盘太大或元件引脚过长，浸锡太深，焊接时造成板面沾锡过多。可通过提高焊接温度或预热温度，提高焊接时间，增加下降时间，提高助焊剂喷涂量的方法来改善。

图 4-13　虚焊和假焊现象

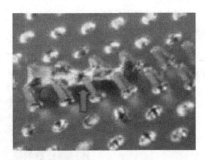

图 4-14　桥连现象

（7）焊料球（锡珠）。板上黏附的直径大于 0.13mm 或是距离导线 0.13mm 以内的球形焊料颗粒都统称为焊料球（锡珠）。如图 4-15 所示。其原因有 PCB 受潮，环境湿度大，助焊剂涂覆不均匀，预热温度不合适，波峰形状不合适。

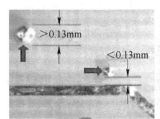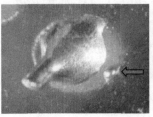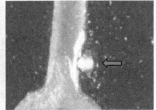

图 4-15　锡珠现象

（8）针孔及气孔。针孔是在焊点表面可见的小孔，气孔是焊点上出现的比较大的可看到内部的孔。如图 4-16 所示。可能产生的原因是有机物污染和基板

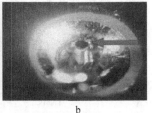

　　　　a　　　　　　　　　b

图 4-16　针孔与气孔现象

a—针孔现象；b—气孔现象

有湿气。解决的方法对于有机污染物可用溶剂进行清洗，对于基板湿气可凡在烘干箱中进行烘烤排除湿气。

（9）白色残留物。焊接后经过溶剂清洗发现基板上有白色残留物，如图4-17所示。通常，这种白色残留物为松香，虽然不会影响表面的电阻绝缘性能，但是外观上客户不能接受。产生这种现象的主要原因是清洗基板的溶剂中水分的含量过高，清洗能力降低产生白色残留物。再是焊接后停放时间过久，导致松香型助焊剂引起白色残留物。解决的办法可以采用含水量较少的溶剂清洗剂，缩短焊接与清洗的时间间隔。

图 4-17　白色残留物现象

4.5　实战检验：双声道音响功放电路板波峰焊接

掌握通孔插装元器件电子产品的浸焊和波峰焊工艺技术，学会波峰焊机的操作和焊接质量缺陷分析，对保证焊接的成品率有很大的作用，波峰焊接质量的保证是产品质量过关的重要一环。

4.5.1　明确任务要求

（1）根据印制电路板及元件装配图对照电原理图和材料清单，音响功放电路原理图如图4-18所示，材料清单见表4-2。对已经检测好的元器件进行成型加工处理。

表 4-2　功放电路材料清单

序号	名　称	型号规格	位　号	数量/个
1	集成电路	TDA2030A	IC1、IC2	2
2	二极管	1N4001	$VD_1 \sim VD_4$	4
3	电阻器	10Ω	R_9、R_{18}	2
4	电阻器	330Ω	R_8、R_{17}	2
5	电阻器	$1k\Omega$	R_1、R_{10}	2

序号	名　称	型号规格	位　号	数量
6	电阻器	1.5kΩ	R_5、R_{14}	2
7	电阻器	2.2kΩ	R_3、R_{12}	2
8	电阻器	5.6kΩ	R_4、R_{13}	2
9	电阻器	10kΩ	R_2、R_{11}、R_{19}	3
10	电阻器	22kΩ	R_6、R_{15}	2
11	电阻器	47kΩ	R_7、R_{16}	2
12	瓷片电容	222pF	C_1、C_8	2
13	瓷片电容	223pF	C_2、C_4、C_9、C_{11}	4
14	瓷片电容	104pF	C_{15}、C_{16}	2
15	瓷片电容	224pF	C_5、C_7、C_{12}、C_{14}	4
16	电解电容	10μF	C_3、C_6、C_{10}、C_{13}	4
17	电解电容	2200μF /25V	C_{17}、C_{18}	2
18	电位器	B50kΩ	RP1	1
19	电位器	B100kΩ	RP2、RP3	2
20	散热片			1
21	螺母	M7	电位器	3
22	发光二极管	φ3MM	LED	1
23	螺丝	3×8PA		1
24	螺丝	3×8PM		2
25	电源开关			1
26	保险丝座			4
27	保险丝 10A			2
28	2P 排线	3mm+250mm+3mm 间距 2.5mmφ1.2mm		2
29	3P 排线	3mm+250mm+3mm 间距 2.5mmφ1.2mm		1
30	线路板	2025		1

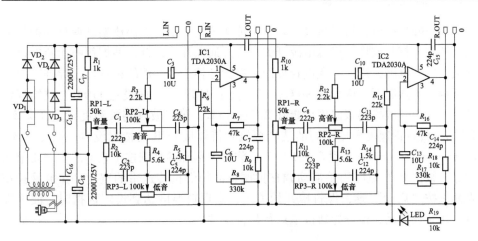

图 4-18　功放原理图

（2）对照印制电路板（图4-19）及元件装配图（图4-20），按照正确装配顺序进行元器件的插装，使用波峰焊机进行焊接。

（3）装配焊接后进行检查，无误后通电试验。

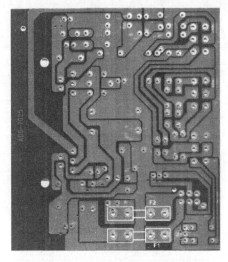

图4-19　印制电路板（焊接面）

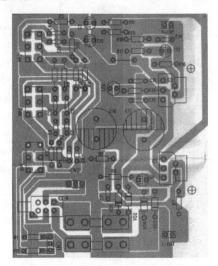

图4-20　印制电路板元件装配图

4.5.2　插装通孔插装元器件

按照先小后大、先轻后重、先低后高、先里后外，先插装的元器件不能妨碍后插装的元器件的元器件的插装总原则进行元器件的插装。尽量使元器件的标记朝上或朝着易于辨认的方向，不需要焊接的焊盘用耐热胶带封住。

4.5.3　准备波峰焊接设备

对波峰焊接机进行导轨尺寸调整、传送坡度调整、焊锡槽温度调整和助焊剂喷涂调整。打开波峰焊机总电源开关，打开通风开关，打开助焊剂喷涂器的进气开关。打开电脑，进入参数设置界面，进行各种工艺参数的设置。助焊剂喷涂选择断续，预热温度一区设定90℃，二区设定110℃，三区设定110℃。波峰焊锡炉温度，第一波峰锡液温度设定在235~245℃，第二波峰锡液温度设定在245~255℃，传送带速度根据不同的波峰焊机和待焊接PCB的情况设定一般为0.8~1.2m/min。传送带倾角设定在5°~7°。将助焊剂和稀释剂按工艺卡的比例要求调配好。根据PCB宽度用手摇动调整把调整波峰焊机传送带的宽度。在电脑操作界面上按"启动"键，焊料槽开始加热，当焊料温度达到设定数据时，波峰焊机传送装置启动，检查导轨链爪运行是否正常。

4.5.4　实施波峰焊接

把印制电路板装入夹具，板四周贴紧夹具槽，力度适中，然后轻轻地把夹具放到传送导轨的始端；装有印制板的夹具随链爪自动向前行进，观察设备自动运行的情况。当通过助焊剂喷涂区时观察喷涂助焊剂是否正常，当通过预热区时观察红外线加热是否正常，当通过焊接区时观察波峰喷涌的高度和元器件的移动状况，当通过冷却区时，风冷是否正常，焊好的板子在出口处送出取出板子，观察焊接情况，根据头板焊接质量，进行工艺参数的调整。焊接工作结束，在电脑显示界面上点击停止按键。关闭电脑，关闭气源；关闭总电源开关。将冷却后的助焊剂容器及喷涂口擦洗干净；将波峰焊机及夹具清洗干净。清除焊料槽中焊料渣和氧化物。

5 印制电路板的制作工艺技术

电子工业特别是微电子技术的飞速发展，使集成电路的应用日益广泛，随之而来，对印制板的制造工艺和精度也不断提出新的要求。不同条件、不同规模的制造企业所采用的工艺不尽相同。在产品研制、科技创作以及学校的教学实训等活动中，往往需要制作少量印制板，进行产品性能分析试验或制作样机，为了赶时间和经济性常需要自制印制板。

5.1 印制电路板

印制电路板（printed circuit board，PCB），是由绝缘基板、印制导线和焊盘组成，具有电气连接和绝缘的双重作用，简称印制板。印制板的主要材料是覆铜板，而覆铜板是由基板、铜箔和黏结剂构成。覆铜板是把一定厚度（$35 \sim 50 \mu m$）的铜箔通过黏结剂热压在一定厚度的绝缘基板上而构成。覆铜板通常厚度有1.0mm、1.5mm 和2.0mm。覆铜板的种类很多，按基材的品种可分为纸基板、玻璃布板和合成纤维板；按黏结剂树脂来分有酚醛、环氧酚醛、聚酯和聚四氟乙烯等。

5.1.1 印制电路板的特点

印制电路板特点如下：

（1）代替了复杂的空间布线，减少了连接线的工作量和差错率，简化电路中各元器件的电气连接，简化了装配、焊接的过程，减低成本，提高生产率。

（2）电路板上布线密度高，减小了整机的体积，使产品小型化。

（3）可采用标准化设计，具有良好的产品一致性，有利于实现自动化生产，提高产品的可靠性和质量。

（4）便于整机的维修和互换备件。

5.1.2 印制电路板的分类

印制电路板按其结构组成可分为 5 种：

（1）单面印制电路板。单面印制电路板通常是用酚醛纸基单面覆铜板，通过印制和腐蚀的方法，在绝缘基板覆铜箔一面制成印制导线。它适用于对电性能要求不高的收音机、收录机、电视机、仪器和仪表等。

（2）双面印制电路板。双面印制电路板是在两面都有印制导线的印制电路板。通常采用环氧树脂玻璃布铜箔板或环氧酚醛玻璃布铜箔板。由于两面都有印制导线，一般采用过孔连接两面印制导线。其布线密度比单面板更高，使用更为方便。多适用于计算机、通信设备等对电路性能要求较高的产品。

（3）多层印制电路板。多层印制电路板是有三层以上的印制导线的印制电路板。它由几层单面印制电路板或双面印制电路板（每层厚度在 0.4mm 以下）叠合压制而成。安装元器件的孔需经金属化处理，使之与夹在绝缘基板中的印制导线沟通。广泛使用的有四层、六层、八层，更多层的也有使用。主要特点：与集成电路配合使用，有利于整机小型化及重量的减轻；接线短、直，布线密度高；由于增设了屏蔽层，可以减小电路的信号失真；引入了接地散热层，可以减少局部过热，提高整机的稳定性。

（4）软性印制电路板。软性印制电路板也称柔性印制电路板，是以软层状塑料或其他软质绝缘材料为基材制成的印制电路板。它可以分为单面、双面和多层 3 大类。此类印制电路板除了重量轻、体积小、可靠性高以外，最突出的特点是具有挠性，能折叠、弯曲、卷绕。软性印制电路板在电子计算机、自动化仪表、通信设备中应用广泛。

（5）平面印制电路板。在绝缘基板上嵌入印制导线，使导线与绝缘基板的表面一平，就构成了平面印制电路板。在平面印制电路板的导线上，电镀了一层耐磨的金属材料。平面印制电路板通常用于电子计算机的键盘、触摸开关等。

5.1.3 印制电路板的组成及常用术语

一块完整的 PCB 是由焊盘、过孔、安装孔、定位孔、印制线、元件面、焊接面、阻焊层和丝印层等组成。

（1）焊盘。焊盘是对覆铜箔进行处理而得到的元器件连接点。

（2）过孔。过孔是在双面 PCB 上将上下两层印制线连接起来且内部充满或涂有金属的小孔。

（3）安装孔。安装孔是用于固定大型元器件和 PCB 板的小孔。

（4）定位孔。定位孔是用于 PCB 加工和检测定位的小孔，可用安装孔代替。

（5）印制线。印制线是将覆铜板上的铜箔按要求经过蚀刻处理而留下的网状细小的线路，是提供元器件电气连接用的。

（6）元件面。元件面是 PCB 上用来安装元器件的一面，单面 PCB 无印制线的一面，双面 PCB 印有元器件图形标记的一面。如图 5-1a 所示。

（7）焊接面。焊接面是 PCB 上用来焊接元器件引脚的一面，一般不做标记，如图 5-1b 所示。

a　　　　　　　　　　　　　　　　　　b

图 5-1　电路板元件面和焊接面图

a—元件面；b—焊接面

（8）阻焊层。阻焊层是 PCB 上的绿色或棕色层面，是绝缘的防护层，如图 5-2a 所示。

（9）丝印层。丝印层是 PCB 上印出文字与符号（白色）的层面，采用丝印的方法，如图 5-2b 所示。

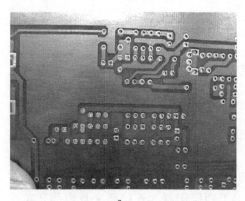

a　　　　　　　　　　　　　　　　　　b

图 5-2　阻焊层、丝印层图

a—阻焊层；b—丝印层（白色字符）

5.2　手工制作印制电路板的工艺方法

手工制作印制电路板的过程如图 5-3 所示。

图 5-3　印制电路板手工制作过程

（1）设计。设计是把电原理图设计成为印制电路板布线图的过程。可在计算机上通过 PCB 设计软件完成，对于简单的电路也可以直接手工进行设计。

（2）准备覆铜板。覆铜板分为单面板和双面板，根据设计需要选择。覆铜板上铜箔通过热压粘接在绝缘基板上。铜箔的厚度有 $18\mu m$、$35\mu m$、$55\mu m$ 和 $70\mu m$ 几种，基板的厚度有 0.2mm、0.5mm、1mm、1.6mm 等几种规格，单面覆铜板如图 5-4 所示。

图 5-4　单面覆铜板

（3）转印图形。将设计好的印制电路板布线图转印到覆铜板上的方法有多种。具体方法如下：

1）手工描图法进行图形转印。方法是将设计好的 PCB 图按照 1：1 的比例画好，然后准备好复写纸，通过复写纸把 PCB 图复印到覆铜板上。用清漆或耐腐蚀的油性材料涂描焊盘和印制导线，一般手工描图采用油性记号笔。

2）贴图法进行图形转印。方法是购置具有焊盘形状和导线宽度的不干胶纸，按照设计的焊盘和导线进行裁剪，然后贴在覆铜板上，把所有的焊盘和导线都覆盖住。检查粘贴牢固，没有遗漏，待腐蚀。

3）热转印法进行图形转印。方法是将设计好的 PCB 图打印在菲林纸上，然后把打印好 PCB 图的菲林纸放到覆铜板上，有油墨的一面与覆铜板接触，用过塑机反复热压几次，菲林纸上的油墨就转移到覆铜板上了，揭掉菲林纸即可。

（4）腐蚀。腐蚀是将不需要的铜箔腐蚀掉，剩下需要的焊盘和导线。腐蚀液可自配，可用固态或粉末三氯化铁，按质量 1：3 与水进行配制。也可用过硫化钠，按质量 1：3 与水进行配制。腐蚀液温度应在 40℃ 以下。操作时将配好的溶液装入塑料容器中，将待腐蚀的 PCB 覆铜板一面朝上放入装入腐蚀液容器中，腐蚀时间一般在 15min 左右。待不需保留的铜箔完全腐蚀掉后，及时取出 PCB，用清水清洗干净并用布擦干后即可。

（5）钻孔。钻孔是将 PCB 板焊盘处钻孔，如图 5-5 所示。选择合适的钻头，一般孔径比引线直径大，通常选 1mm 或 1.2mm 钻头，用小型台钻进行钻孔。钻孔时，钻头的钻速和给进速度要合适，以免产生毛刺。

 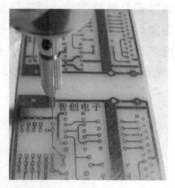

图 5-5　钻孔示意图

（6）表面处理。表面处理方法是先去漆膜，用热水浸泡板子，可以把漆膜剥掉，未擦净处可用酒精或丙酮擦除。漆膜去净后，用布蘸去污粉在板面上反复擦拭，去掉铜箔的氧化膜，使线条及焊盘露出铜的光亮本色。擦拭后用水冲洗、晾干。一些不整齐的地方、毛刺和粘连等还需要用锋利的刻刀再进行修整。最后涂助焊剂，把已配好的松香酒精溶液立即涂在洗净晾干的印制电路板上。

5.3　印制电路板的生产工艺技术

PCB 板是分层的，夹在内部的是内层，露在外面可以焊接各种配件的叫作外层。无论内层外层都是由导线、孔和 PAD 组成。导线就是起导通作用的铜线；孔分为导通孔（plating hole）与不导通孔（none plating hole），分别简称为 PT 和 NP。PAD 是对 PT 孔周围的铜环和 IC 引脚在板面上的焊垫的统称。

5.3.1　内层板生产步骤

内层板生产流程如图 5-6 所示。

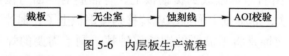

图 5-6　内层板生产流程

（1）下料（裁板）。下料就是针对某个料号的板子为其准备生产资料。包括裁板、裁 PP（层间的黏结剂薄片）、铜箔木垫板等物料。裁板就是将大张的标准规格基板裁切成料好制作资料中制定的基板尺寸。使用裁板机将基板材料裁切成工作所需尺寸。

（2）前处理。前处理作用是清洁板子表面，避免因为手指油脂或灰尘给以后的压膜带来不良影响。内层前处理线有一个重要的作用就是将原本相对光滑的铜面微蚀成相对粗糙以利于与干膜的结合。

（3）无尘室压膜曝光。具体要求如下：

1）压膜。要生产的基板上必须贴上一层干膜，干膜是三层结构，这由压膜机完成。压膜机压膜时会自动将与板面结合的一侧塑料薄膜撕下来，如图 5-7 所示。

图 5-7　压膜前后变化

2）曝光。压膜后尽快曝光，因为感光干膜有一定保质期。曝光使用曝光机，曝光机内部会发射高强度紫外光，照射覆盖着底片与干膜的基板，通过影像转移，曝光后底片上的影像就会反转转移到干膜上。10000 级无尘室是标准配置，如果生产高精密度的电路板，更高级别的无尘室也是必需的。感光干膜对黄光不敏感，不会曝光。

（4）蚀刻。曝光完成后的板子经过静置，就进入蚀刻线。蚀刻线分为三个部分：显影段、蚀刻段和剥膜段。长长的生产线有数十个槽体。槽内有上下两排管道喷头给从传送带上经过的基板"冲淋浴"。在各个槽内的"淋浴液"不同，分别完成各自的任务。首先，在显影段中使用碳酸钠溶液作为浴液进行显影。碳酸钠溶液将没有受到紫外光照射而发生变化的干膜溶解并冲洗掉。其次，显影后的板子在进入蚀刻段前要经过纯水冲洗以防止将显影液带进蚀刻槽。蚀刻段是这条生产线的核心。蚀刻槽的浴液是 $CuCl_2+HCl+H_2O_2$。由于药品在生产过程中有消耗，必须随时添加，保持一定浓度。由一套全自动药液浓度控制装置进行控制。蚀刻液将没有被干膜覆盖而裸露的铜腐蚀掉。出了蚀刻槽，覆盖在板子上的干膜已经无用了，所以最后用热 NaOH 溶液喷淋板子剥膜，将硬化的干膜溶掉。

（5）AOI 检验。AOI 检验是通过光学反射原理将图像与设定的逻辑判断原则或资料图形相比较，找出缺点位置。工作时操作人员先将待检板固定在机台上，AOI 会用激光定位器来扫描全板面。将得到的图样抽象出来与缺欠图样比对，以此来判断 PCB 的线路制作是否有问题。

5.3.2　内层线路板压合

压合是将单张的内层基板以 PP 作中介再加上铜箔结合成多层板。这套工作由压合机完成。具体生产流程：棕化→铆合→迭板→压合→后处理。

（1）棕化（黑化）。棕化的目的是粗化铜面，增加与树脂接触表面积，增加铜面对流动树脂之湿润性，使铜面钝化，避免发生不良反应。将基板与 PP 紧密结合在一起，用强氧化剂将内层板面上的铜氧化使其表面粗糙，由于氧化铜的颜色是黑色的，所以这道工序又叫作黑化。黑化后的铜，微观上是一根根尖尖的晶针。这可以刺入 PP 中加强基板和 PP 间的结合力。

（2）铆合（预迭）。铆合是利用铆钉将多张内层板钉在一起，以避免后续加工时产生层间滑移，如图 5-8 所示。

（3）迭板。迭板是将预迭合好之板叠成待压多层板形式。铜皮是做内层线路的基础，因为铜具有良好的导电性，延展性等特性。电路板行业中所用铜皮一般都为电镀铜皮。

（4）压合。压合是通过热压方式将迭合板压成多层板，如图 5-9 所示。迭好的板子会被自动运输车运送上压合机，压合机会按照设定好的参数压合，然后板子会被自动送下来，整个过程基本都是自动化过程。

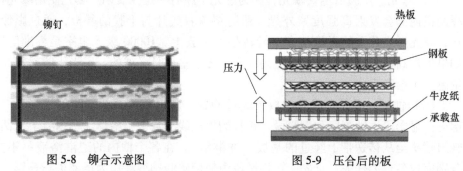

图 5-8　铆合示意图　　　　　　　图 5-9　压合后的板

（5）后处理。后处理是经割剖、打靶、捞边、磨边等工序对压合的多层板进行初步外形处理，以便后工序生产品质控制要求及提供后工序加工之工具孔。

5.3.3　内层线路板钻孔

内层线路板钻孔采用钻孔机，钻孔机是一种精密数控机床，操作者只要将板子固定在钻孔机内的平台上，调入正确的钻孔程序，按动开始键就可以了。钻孔需要的时间由孔数与孔径决定，孔数越多，孔径越小，耗时就越长。孔径越小，则钻针越细，所以进刀速与退刀速不能过快，否则容易断针，即钻头断在板子里。

5.3.4　内层线路板镀铜

内层线路板镀铜生产线分为化学沉铜（PTH）和电镀两种工艺。

（1）化学沉铜（PTH）。化学沉铜在生产中，利用化学反应在整个表面上沉积上一层薄的铜，如图 5-10 所示。化学沉铜的过程包括湿润槽→整孔槽→水洗槽→微蚀槽→水洗槽→预浸槽→活化槽→水洗槽→速化槽→化学铜→水洗槽→烘干槽。

（2）电镀。电镀是将设定好电流强度的直流强电流接到板子上，浸在装满电镀液的槽内，经过一段时间孔壁上就有了足够厚的铜了。由于所有有铜区都会被镀上一层铜，所以这是一种全板电镀法，如图 5-11 所示。常见的电镀生产线是长长的一串槽体，待镀板被固定在挂架上，挂架被自动运行的轨道车带动在装满不同槽液的槽里，槽液被压缩气体搅拌上下翻滚，以此来保证所有小孔内都接触到化学药品。

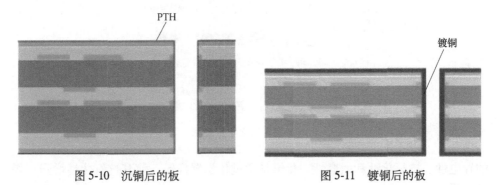

图 5-10　沉铜后的板　　　　　　　　图 5-11　镀铜后的板

5.3.5　外层线路板成型

外层线路板成型是制作外层线路，以达到电性的完整。要经过前处理、压膜、曝光、显影过程。

（1）前处理。前处理是用刷轮去除铜面上的污染物，增加铜面粗糙度，以利于后续的压膜制程。

（2）压膜。压膜是通过热压法使干膜紧密附着在铜面上。

（3）曝光。曝光是将底片进行图形转移，底片黑色为线路白色为底板，白色的部分让紫外光透射过去，干膜发生聚合反应，不能被显影液洗掉。

（4）显影。显影是把尚未发生聚合反应的区域用显像液将之冲洗掉，已感光部分则因已发生聚合反应而洗不掉而留在铜面上成为蚀刻或电镀之阻剂膜。

5.3.6　多层板后续处理流程

（1）涂阻焊层。涂阻焊层时留出板上待焊的通孔及其焊盘，用防焊漆将所有线路及铜面都覆盖住，防止波峰焊时造成的短路，节省焊锡之用量。

（2）印文字。印文字是给线路板上提供文字标记，为元件安装和今后维修印制板提供信息，如图 5-12 所示。其原理是印刷及烘烤，主要原料为文字油墨。

（3）加工。成型之后的 PCB 印制电路板还需要经过加工来满足客户要求，加工过程包括化金、护铜、金手指和化银。化金是通过金盐置换反应得到平坦的焊接面，优越的导电性、抗氧化性。护铜是通过金属有机化合物与金属离子间的化学键作用力，提高抗氧化性。金手指是通过金盐进行氧化还原，使其拥有优越

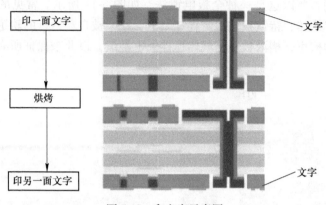

图 5-12　印文字示意图

的导电性、抗氧化性和耐磨性。化银是通过化学置换银，使其抗氧化性增强，焊接面平整。

（4）成型。为了让板子符合客户所要求的规格尺寸，必须将外围没有用的边框去除之。若此板子是连片板出货，往往须再进行一道程序，也就是所谓的切V槽（V-cut），让客户可轻易地将连片板折断成单片板。若PCB是有金手指的规定，为使容易插入连接器的槽沟，须切斜边（beveling）。金手指斜边是将电路板有金手指部分，以去倒角方式得到符合蓝图尺寸的双斜边。用上下两高速旋转的端头以一定角度对输送带所输送之材料做斜面切屑，以刮除无用部分，使金手指前端形成双斜边。用数控机床机械切割根据客户要求的外形，将待冲的板子放在冲压模具上，利用瞬间机械冲击力，将板子按照模具的形状，冲切成型。成型前后对比如图 5-13 所示。

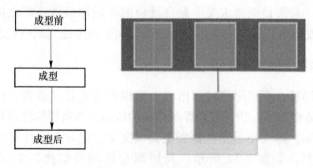

图 5-13　成型前后对比图

5.4　实战检验：用描图法手工制作直流稳压电源印制电路板

掌握印制电路板的手工制作技能，可以使你在进行新产品开发、设计、试制时，自己动手进行印制电路板的制作，能够反复仔细的打磨新产品，直至完善后批量生产。对企业印制电路板的生产工艺技术的掌握，能够使你在线路板生产企业得心应手，制作出高质量的印制电路板。

5.4.1 制作要求

根据设计好的印制电路板图，制作直流稳压电源印制电路板。直流集成稳压电源电原理图如图 5-14 所示。电路板设计图如图 5-15 所示。

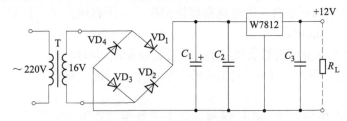

图 5-14 直流集成稳压电源电原理图

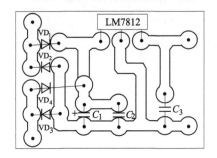

图 5-15 电路板设计图

5.4.2 电路板手工制作过程

电路板手工制作过程如下：

（1）覆铜板的下料与处理。其步骤如下：

1）用钢锯根据 PCB 设计的电尺寸对覆铜板进行裁剪下料。

2）用锉刀将裁好的覆铜板四周边缘毛刺锉掉。

3）用细砂纸或去污粉清除掉覆铜板表面的氧化物。

4）用清水冲洗干净后晾干或用布擦干。

（2）图形转移。其步骤为：

1）用复写纸垫在覆铜板和 PCB 设计图之间，四边用透明胶带固定好。

2）用较细的笔进行图形复印，待检查无遗漏后取出 PCB 板。

3）用调好的清漆或油性比把需要保留的导线焊盘涂好，晾干。

（3）配制三氯化铁溶液。戴好乳胶手套，在腐蚀容器中按质量 1∶2 的比例配制成三氯化铁溶液，温度在 40℃左右。

（4）PCB 板的腐蚀。具体步骤如下：

1）将涂好漆的 PCB 板轻轻放入三氯化铁溶液中，注意要使板面全部没入溶液中。

2）不断地搅拌溶液并加热，使溶液温度保持 40℃左右，增强腐蚀效果。注意不要划伤铜箔面。

3）大约 15min 左右，注意观察腐蚀情况，不能腐蚀大了，待铜箔完全腐蚀掉后及时用夹具取出。

4）用清水反复清洗被腐蚀好的电路板，晾干或用布擦干。

（5）钻孔。可将 1.0mm 的钻头装在钻床上，对准电路板上的焊盘中心进行钻孔。

（6）涂助焊剂。钻完孔后铜箔表面不平处用细砂纸打磨平整，并去除铜箔上的漆，清洗干净擦干。然后用配制好的酒精松香助焊剂，对焊盘涂助焊剂进行保护。

6 手工装接表面贴装元件电子产品

随着电子技术的不断发展，电子元器件的封装形式发生了变化，朝着小型化、薄型化、无引线（短引线）方向发展，伴随着装配焊接技术也发生了改变，产生了表面贴装元器件的手工装接技术。

6.1 表面贴装技术

表面贴装技术（surface mount technology，SMT）又叫表面安装技术。由于SMT 所采用的是无引线或者短引线的元器件，所以 SMT 和 THT（通孔插装技术）的主要区别在于 SMT 采用的是贴装技术，THT 采用的是插装技术。而且，SMT和 THT 在基板、元器件、组件形态、焊点形态和组装工艺等方面都有所不同。THT 与 SMT 的区别如表 6-1 所示。

表 6-1　SMT 与 THT 的区别

类　型	THT	SMT
元器件	双列直插或 DIP， 针阵列 PGA， 有引线电阻、电容	SOIC，SOT，LCCCP，LCC，QFP， BGA，CSR，片式电阻、电容
基板	印制电路板采用 2.54mm 网格设计， 通孔孔径为 $\phi0.8\sim0.9$mm	印制电路板采用 1.27mm 网格或更细 设计，通孔孔径为 $\phi0.3\sim0.5$mm
焊接方法	波峰焊	再流焊
面积	大	小，缩小比约为 1：3～1：10
组装方法	穿孔插入	表面安装（贴装）
自动化程度	自动插装机	自动贴片机，生产效率高于自动插装机

6.2 表面贴装元器件

6.2.1 表面贴装电阻器

（1）认识 SMC（表面贴装元件）固定电阻器。片式电阻有矩形和圆柱形片式电阻，分别来认识一下：

1）矩形片式电阻器。矩形片式电阻器外观是一个矩形，如图 6-1 所示。3216、2012、1608 系列片状 SMC 的标称数值用标在元件上的三位数字表示（E24 系列），前两位是有效数，第三位是倍率成数，其电阻精度为 5%。例如，电阻器上印有 123，表示12kΩ；表面印有 5R1，表示阻值 5.1Ω；表

图 6-1　片状电阻外形图

面印有 R56，表示阻值 0.56Ω；跨接电阻采用 000 表示。当片式电阻值精度为1% 时，则采用 4 个数字表示，前面 3 个数字为有效数字，第四位表示增加的零的个数；阻值小于 10Ω 的，仍在第二位补加 "R"，阻值为 100Ω，则在第四位补"0"。例如 4.7Ω 记为 4R70；100Ω 记为 1000；1MΩ 记为 1004；10Ω 记为 10R0。对于 1005、0603 系列片状电阻器，元件表面不印刷它的标称数值（参数印在编带的带盘上）。

2）圆柱形片式电阻器。圆柱形电阻器的外形如图 6-2 所示。圆柱形表面组装电阻器（MELF）主要有碳膜 ERD 型、高性能金属膜 ERO 型和跨接用的 0Ω 电阻三种。圆柱形电阻器与矩形片式电阻相比，无方向性和正反面性，包装使用方便，装配密度高，固定到印制板上有较高的抗弯能力，常用于高档音响电器产品中。圆柱形电阻器用三位、四位或五位色环表示其标称阻值的大小，每位色环所代表的意义与通孔插装色环电阻完全一样。例如，五位色环电阻器色环从左至右第一位色环是棕色，其有效值为 1；第二位色环为绿色，其有效值为 5；第三位色环是黑色，其有效值为 0；第四位色环为棕色，其倍成数为 10；第五位色环为棕色，其允许偏差为 ±1%。则该电阻的阻值为 1.5kΩ，允许偏差为 ±1%。

（2）认识 SMC 电阻排（电阻网络）。电阻排也称电阻网络。电阻网络可分为厚膜电阻网络和薄膜片式电阻网络两大类。它是将多个参数和性能都一致的电阻，按预定的配置要求连接后置于一个组装体内的电阻网络。图 6-3 所示为8P4R（8 引脚 4 电阻）3216 系列表面贴装电阻网络的外形。

图 6-2　圆柱形电阻器外形

图 6-3　SMC 电阻网络的外形

（3）认识 SMC 电位器。表面贴装电位器，又称为片式电位器（chip potenti-ometer），是一种可连续调节阻值的可变电阻器。其形状有片状、圆柱状、扁平

矩形等各种类型。片式电位器有敞开式、防尘式、微调式、全密封式四种不同的外形结构。下面分别来认识一下：

1）敞开式电位器，其外形如图 6-4 所示。从它的外形来看这种电位器没有外壳保护，灰尘和潮气很容易进入其中，这样会对器件的性能有一定影响，但价格较低。对于敞开式的平状电位器而言，仅适合用焊锡膏再流焊工艺，不适合用贴片波峰焊工艺。

图 6-4 敞开式电位器

2）防尘式电位器，其外形如图 6-5 所示。这种外形结构在有外壳或护罩的保护下，灰尘和潮气不易进入其中，固性能优良，常用于投资类电子整机和高档消费类电子产品中。

3）微调式电位器，其外形如图 6-6 所示。这类电位器可对其阻值进行精细调节，固性能优良，但价格较高，常用于投资类电子整机电子产品中。

图 6-5 防尘式电位器

图 6-6 微调式电位器外形和结构

4）全密封式电位器。全密封式电位器的特点是性能可靠、调节方便，寿命长。其结构有圆柱结构和扁平结构两种，而圆柱形电位器的结构又分为顶调和侧调两种，如图 6-7 所示。

图 6-7 圆柱形电位器结构

a—圆柱形顶调电位器的结构；b—圆柱形侧调电位器结构

6.2.2　表面贴装电容器

表面贴装电容器简称片式电容器，如图 6-8 所示。如果按外形、结构和用途来分类，可达数百种。在实际应用中，表面安装电容器中有 80% 是多层片状瓷介电容器，其次是表面安装铝电解电容器和钽电解电容。

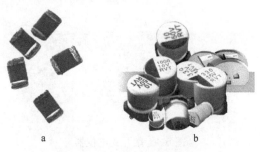

图 6-8　表面组装电容器图片

a—多层片状瓷介电容器；b—表面安装电解电容器

（1）SMC 多层陶瓷电容器。表面贴装陶瓷电容器大多数用陶瓷材料作为电容器的介质。多层陶瓷电容器简称 MLC，通常为无引脚矩形结构，内部电极一般采用交替层叠的形式，根据电容量的需要，少则二三层，多则数十层，其外形如图 6-9a 所示，结构如图 6-9b 所示。多层陶瓷电容器耐热性能良好，不容易老化，抗腐蚀性好。绝缘性能好，可制成高压电容器，但电容量较小，机械强度较低。

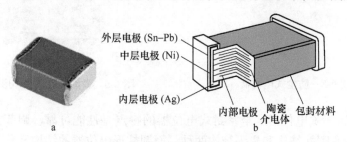

图 6-9　多层陶瓷电容器外形和结构

a—外形；b—结构

（2）SMC 电解电容器。SMC 铝电解电容器的容量和额定工作电压的范围比较大，把这类电容器做成贴片形式比较困难，故一般都是异形。根据其外形和封装材料的不同，铝电解电容器可分为矩形（树脂封装）和圆柱形（金属封装）两类，如图 6-10 所示，通常以圆柱形为主。SMC 铝电解电容器的电容值及耐压值在其外壳上均有标注，外壳上的深色标记代表负极。其容量大，但是漏电大、稳定性差，有正负极性，适于电源滤波或低频电路中。

（3）SMC 钽电解电容。SMC 钽电解电容以金属钽作为电容介质，可靠性很

图 6-10 SMC 铝电解电容器

a—圆柱形；b—矩形

高，单位体积容量大，在容量超过 0.33μF 时，大都采用钽电解电容器。固体钽电解电容器的性能优异，体积小又有较大电容量。因此容易制成适于表面贴装的小型和片式元件，如图 6-11 所示。SMC 钽电解电容器的外形都是片状矩形结构，按照其封装形式的不同，可分为裸片型、模塑型和端帽型，如图 6-12 所示。

图 6-11 贴装于 PCB 板上的钽电解电容

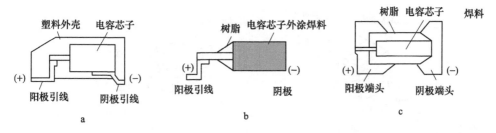

图 6-12 SMC 钽电解电容器的类型

a—模塑型；b—裸片型；c—端帽型

（4）SMC 云母电容器。片式云母电容器其形状多为矩形状，云母电容器采用天然云母作为电容极间的介质，其耐压性能好。云母电容由于受介质材料的影响，容量不能做得太大，一般在 10~10000pF 之间，而且造价相对其他电容器高。体积略大，但耐热性好、损耗小、易制成小电容量、稳定性高、Q 值高、精度高，适宜高频电路使用。其外形和内部结构如图 6-13 所示。

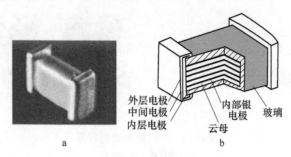

图 6-13　SMC 云母电容器外形和结构

a—外形；b—结构

6.2.3　表面贴装电感器

表面贴装电感器亦称片式电感器，从制造工艺来分，片式电感器主要有 4 种类型，即绕线型、叠层型、编织型和薄膜片式电感器。常用的是绕线式和叠层式两种类型。

（1）绕线型 SMC 电感器。绕线型 SMC 电感器是将传统的卧式绕线电感器小型化的产物。这种电感器在制造时将导线圈缠绕在磁心上，若为低电感则用陶瓷作磁心，若为大电感则用铁氧体作磁心，绕线后再加上端电极即可。绕线型 SMC 电感器根据所用磁芯的不同可分为工字形结构（开磁路、闭磁路）、槽形结构、棒形结构、腔体结构。工字形结构的 SMC 电感器通常采用微小工字型磁芯，如图 6-14 所示。这种类型片式电感器生产工艺简单，电性能优良，适合大电流通过，可靠性好。

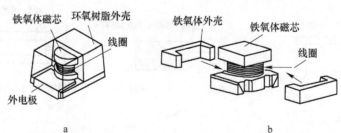

图 6-14　绕线型 SMC 电感器的结构

a—工字形结构（开磁路）；b—工字形结构（闭磁路）

而对于槽形和腔体结构的 SMC 电感器则采用 H 型陶瓷芯，如图 6-15 所示。由于电极已预制在陶瓷芯体上，其制造工艺更简单，并且能进一步微小型化。这类电感器的特点是电感值较小，更适合高频使用。

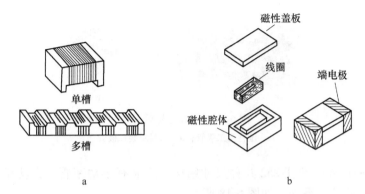

图 6-15 绕线型 SMC 电感器的结构

a—槽形结构；b—腔体结构

（2）叠层式 SMC 电感器。叠层式 SMC 电感器由铁氧体浆料和导电浆料相间形成多层的叠层结构，然后经烧结而成。具有闭路磁路结构，没有漏磁，耐热性好，可靠性高，与线绕型相比，尺寸小得多，适用于高密度表面组装，但电感量也小，Q 值较低。可广泛应用于高清晰数字电视、高频头、计算机板卡等领域。其外形和内部结构如图 6-16 所示。

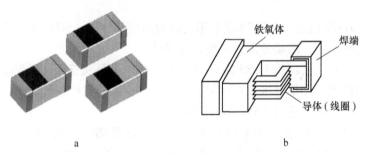

图 6-16 叠层型电感器外形和结构

a—外形；b—结构

6.2.4 表面贴装二极管

SMD（表面贴装器件）二极管常见的封装外形有无引线柱形玻璃封装和片状塑料封装两种。其中，无引线柱形玻璃封装二极管通常有稳压二极管、开关二极管和通用二极管，片状塑料封装二极管一般为矩形片状，如图 6-17 所示。

6.2.5 表面贴装三极管

小外形塑封晶体管（SOT）又称作微型片式晶体管，通常是一种三端或四端器件，主要用于混合式集成电路中，被组装在陶瓷基板上，可分为 SOT-23、

图 6-17　SMD 二极管外形

a—圆柱形二极管；b—塑料封装二极管

SOT-89、SOT-143、SOT-252 几种尺寸结构，产品有小功率管、大功率管、场效应管和高频管几个系列，如图 6-18 所示。

图 6-18　SOT 封装晶体管

a—SOT-23；b—SOT-89；c—SOT-143；d—SOT-252

（1）SOT-23 封装。SOT-23 是通用的表面组装晶体管，SOT-23 有 3 条翼形引脚，一端为集电极，两端分别为基极和发射极。

（2）SOT-89 封装。SOT-89 的 B、C、E 三个电极是从管子的同侧引出，管子底部的金属散热片和集电极连在一起，同时晶体管芯片粘接在较大的铜片上，有利于散热。此晶体管适用于较高功率的场合。

（3）SOT-143 封装。SOT-143 有 4 条翼形短引脚，对称分布在长边的两侧，引脚中宽度偏大一点的是集电极，这类封装常见双栅场效应管及高频晶体管。

（4）SOT-252 封装。SOT-252 的功耗可达 2~50W，两条连在一起的引脚或与散热片连接的引脚是集电极。SMD 分立器件封装类型和产品数有 3000 种之多，每个厂商生产的产品中，其电极引出方式略有不同，在选用时必须先查阅相关手册资料。

6.2.6　表面贴装集成电路

表面贴装集成电路的电极形式、封装材料、封装形式的不同使得表面贴装集成电路多种多样。

（1）电极形式。表面贴装集成电路的 I/O 电极形式有无引脚和有引脚两种形式。常用无引脚形式的表面贴装器件有 LCCC、PQFN 等，有引脚形式的器件中引脚形状有翼形、钩形（J形）和 I 球形三种，如图 6-19 所示。翼形引脚一般用于 SOT、SOP、QFP 封装，钩形（J形）引脚一般用于 SOJ、PLCC 封装，球形引脚一般用于 BGA、CSP、Flip Chip 封装。

图 6-19 引线结构图

（2）封装材料。表面贴装集成电路的封装材料通常有金属封装、陶瓷封装、金属—陶瓷封装和塑料封装。金属封装中金属材料可以冲压，有封装精度高，尺寸严格，便于大量生产，价格低廉等特点；陶瓷封装中的陶瓷材料电气性能优良，适用于高密度封装；金属—陶瓷封装则兼有金属封装和陶瓷封装的优点；塑料封装中塑料的可塑性强，成本低廉，工艺简单，适合大批量生产。

（3）表面贴装集成电路的封装形式。表面贴装集成电路的封装形式主要有如下几种：

1）小外形集成电路（SO）。引线比较少的小规模集成电路大多采用这种小型 SO 封装。SO 封装又可以分为以下几种：

SOP 封装：芯片宽度小于 3.81mm，电极引脚数一般在 8~40 个之间；

SOL 封装：芯片宽度在 6.35mm 以上，电极引脚数一般在 44 个以上；

SOW 封装：芯片宽度在 15.24mm 以上，电极引脚数一般在 44 个以上。

部分 SOP 封装采用了小型化或者薄型化封装的分别叫作 SSOP 封装和 TSOP 封装。对于大多数 SO 封装而言，其引脚都采用翼形电极，但也有一些存储器采用 J 形电极（称为 SOJ），如图 6-20 所示。

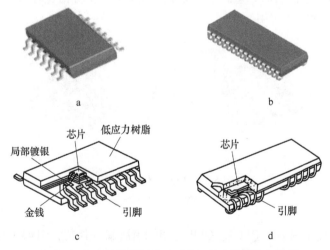

图 6-20 SOP 的翼形引脚和"J"形引脚封装和结构
a—SOP 封装；b—SOJ 封装；c—SOP 的翼形引脚；d—SOP 的 J 形引脚

2）无引脚陶瓷芯片载体（LCCC）。LCCC 是陶瓷芯片载体封装的表面贴装集成电路中没有引脚的一种封装，如图 6-21 所示；芯片被封装在陶瓷载体上，无引线的电极焊端排列在封装底面上的四边，外形有正方形和矩形两种。LCCC的特点是无引线，引出端是陶瓷外壳，四侧的镀金凹槽，凹槽的中心距有 1.0mm和 1.27mm 两种。它能提供较短的信号通路，电感和电容的损耗都比较低，通常用于高频电路中。陶瓷芯片载体封装的芯片是全密封的，具有很好的环境保护作用，一般用于军品中。

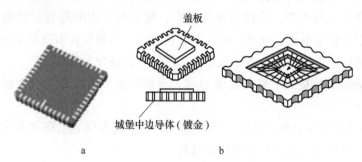

图 6-21　LCCC 封装的集成电路

a—LCCC 外形；b—LCCC 结构

3）塑封有引脚芯片载体（PLCC）。PLCC 是集成电路的有引脚塑封芯片载体封装，引脚采用钩形引脚，故称作钩形（J 形）电极，电极引脚数目通常为16~84 个，其外观如图 6-22 所示。PLCC 封装的集成电路大多用于可编程的存储器。20 世纪 80 年代前后，塑封器件以其优异的性能/价格比在 SMT 市场上占有绝对优势，得到广泛应用。

图 6-22　PLCC 的封装结构

a—实物外观；b—插座

4）方形扁平封装（QFP）。QFP 为四侧引脚扁平封装，引脚从四个侧面引出呈翼（L）型，如图 6-23 所示。封装材料有陶瓷、金属和塑料三种，其中塑料封装占绝大部分。QFP 这种封装的集成电路引脚较多，多用于高频电路，中频电路、音频电路、微处理器、电源电路等，目前已被广泛使用。

图 6-23 QFP 封装

a—QFP 外形；b—带脚垫 QFP；c—QFP 引线排列

5）BGA 封装。BAG 即球栅阵列封装，是大规模集成电路的一种极富生命力的封装方法。BAG 封装是将原来器件 PLCC/QFP 封装的 J 形或翼形电极引脚，改变成球形引脚；把从器件本体四周"单线性"顺序引出的电极，变成本体底面之下"全平面"式的格栅阵排列。这样，既可以疏散引脚间距，又能够增加引脚数目。焊球阵列在器件底面可以呈完全分布或部分分布。图 6-24 和图 6-25 所示分别为 BGA 器件外形和内部结构。球栅阵列封装具有体积小、I/O 多、电气性能优越（适合高频电路）、散热好等的优点。缺点是印制电路板的成本增加，焊后检测困难、返修困难，PBGA 对潮湿很敏感，封装件和衬底容易开裂。

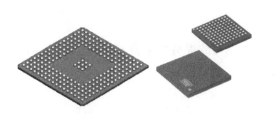

图 6-24 BGA 封装外形

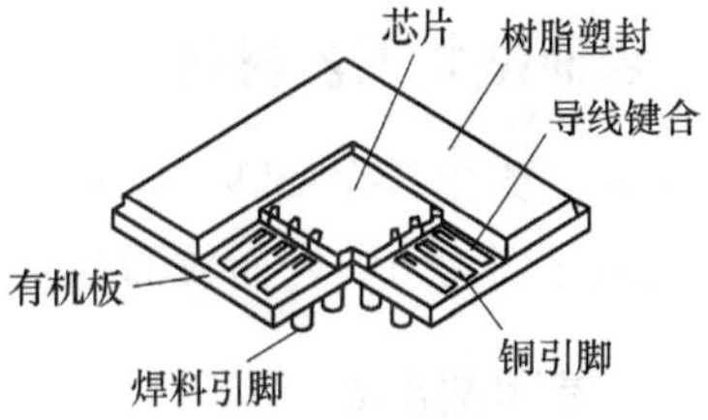

图 6-25 BGA 封装结构

6）CSP 封装。CSP 是 BGA 进一步微型化的产物，它的含义是封装尺寸与裸芯片相同或封装尺寸比裸芯片稍大（通常封装尺寸与裸芯片尺寸之比定义为 1.2∶1）。CSP 外端子间距大于 0.5mm，并能适应再流焊组装。CSP 的封装结构如图 6-26 所示。图 6-27 所示为柔性基板封装 CSP 结构、图 6-28 所示为刚

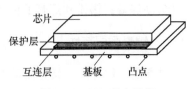

图 6-26 CSP 基本结构

性基板封装 CSP 结构。无论是柔性基板还是刚性基板，CSP 封装均是将芯片直接放在凸点上，然后由凸点连接引线，完成电路的连接。目前已广泛应用在大型液晶显示屏、液晶电视机、小型摄录一体机、计算机等产品中。图 6-29 中为 CSP

技术封装的内存条。可以看出，采用 CSP 技术后，内存颗粒所占用的 PCB 面积大大减小。

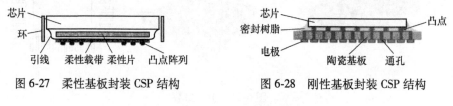

图 6-27　柔性基板封装 CSP 结构　　　　图 6-28　刚性基板封装 CSP 结构

图 6-29　CSP 封装的内存条

6.3　表面贴装工艺材料

锡膏，英文名称 solder paste，它是一种均匀的焊料合金粉末和稳定的助焊膏按一定的比例均匀混合而成的膏状体。

6.3.1　锡膏的组成

锡膏为锡粉加上助焊膏。在一般的情况下，锡粉和焊膏的重量比是 90%锡粉和 10%助焊膏；锡粉和焊膏的体积比是 50%锡粉和 50%助焊膏。

6.3.2　锡膏重要特性

锡膏是一种膏体，具有流动性。材料的流动性可分为理想的、塑性的、伪塑性的、膨胀的和触变的，锡膏属触变流体。剪切应力对剪切率的比值定义为锡膏的黏度，其单位为 Pa·s，锡膏合金百分含量、粉末颗粒大小、温度、焊剂量和触变剂的润滑性是影响锡膏黏度的主要因素。在实际应用中，一般根据锡膏印刷技术的类型和印到 PCB 上的厚度确定最佳的黏度。锡膏除了流动性外，还有脱板性、连续印刷、稳定性等特性。

6.4 手工装接表面贴装元器件

手工焊接贴片元器件是电子专业人才必备的基本技能之一，正确的焊接方式、良好的焊接工艺、娴熟的技术是焊接技能的重要体现。

（1）手工焊接贴片件的技巧。首先清理焊盘，然后把少量的焊膏放到焊盘上，对位贴片元件，用恒温电烙铁加热焊锡固定贴片件，固定好后，在元器件引脚上用电烙铁使焊锡完全浸润、扩散，以形成完好的焊点。另一种方法是先在一个焊盘上镀锡，镀锡后电烙铁不要离开焊盘，快速用镊子夹着元器件放在焊盘上，焊好一个引脚后，再焊另一个引脚，如图 6-30 所示。焊接集成电路时，先把器件放在预定位置上，用少量焊锡焊住器件的两个对脚，使器件准确固定，然后将其他引脚涂上助焊剂，依次焊接。如果技术水平过硬，可以用 H 型电烙铁进行"拖焊"，即沿着器件引脚，把烙铁头快速往后拖，焊接速度快、效率高。

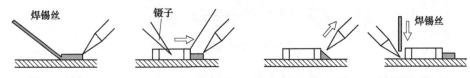

图 6-30 手工焊接贴片件

（2）合格的焊点。贴片元件的焊点不同于通孔插装元件的焊点，其焊点的形状呈内弧的圆锥形，如图6-31 所示。合格的焊点应该是焊点整洁、圆满、光滑，无针孔和松香渍，焊件外可见焊锡的流动性好，焊锡将整个的焊接位置包围住呈半坡状。

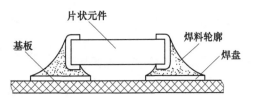

图 6-31 手工焊接贴片件的合格焊点

（3）贴片元件的手工装接方法。贴片元件的手工装接步骤如下：

1）准备。使用温度可调的烙铁，调整适当的温度（推荐设定温度为 290～420℃），焊锡丝线径是 0.3～0.8mm。准备方法如图 6-32 所示。

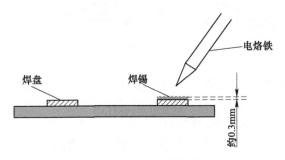

图 6-32 SMC 元件焊接准备

2）放置组件。用镊子夹住小贴片元件组件放在两个焊盘的中间，如图 6-33 所示。

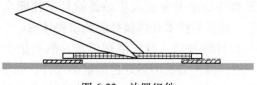

图 6-33　放置组件

3）临时固定。用烙铁对锡膏加热固定小贴片元件组件一端，如图 6-34 所示。

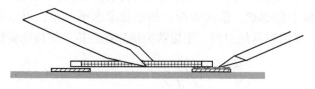

图 6-34　临时固定元件

4）焊接组件的一端。将组件的另一侧焊盘和小贴片元件组件焊接固定，如图 6-35 所示。

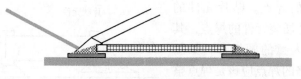

图 6-35　焊接元件一端

5）焊接（调整倒角）。送入焊锡，焊接临时固定端，调整倒角，如图 6-36 所示。

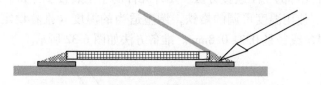

图 6-36　焊接临时固定端

（4）平面封装集成块元器件的焊接方法。平面封装集成块元器件的焊接方法如下：

1）助焊剂涂布在焊盘上，如图 6-37 所示。

2）将平面封装集成块放在焊盘上。注意 4 面脚都不要偏位，如图 6-38 所示。

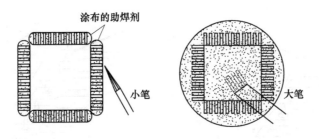

图 6-37　助焊剂涂布

3）烙铁头先蘸取少量焊锡，先将 a、b 两个点临时固定，如图 6-39 所示。

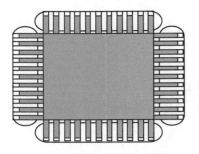

图 6-38　放置平面封装集成块

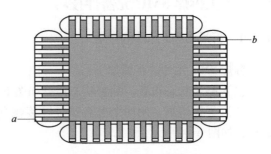

图 6-39　临时固定集成块

4）用烙铁供给锡，按顺序依次焊接，如图 6-40 所示。

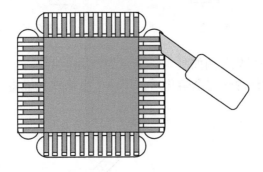

图 6-40　集成块焊接

集成块及端子的焊接有两种方法，分为点焊接和连续焊接。点焊接是用电烙铁一点一点地对集成块端子进行焊接。点焊接如图 6-41 所示。连续焊接的方法是电烙铁头不离开焊盘，保持接触状态，一边加锡一边按箭头方向移动电烙铁头。如果基板向箭头稍微倾斜，作业就会更方便。连续焊接如图 6-42 所示。

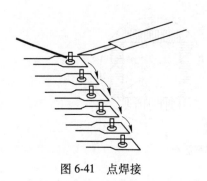

图 6-41　点焊接

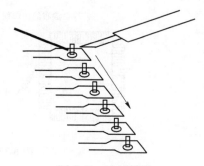

图 6-42　连续焊接

6.5　手工拆焊 SMC 元器件技巧

6.5.1　拆焊 SMC 元件的方法

拆焊 SMC 元件的步骤如下：

（1）贴装状态检查。贴装状态检查如图 6-43 所示。

（2）焊锡熔解。用两个电烙铁轻轻接触 SMC 元件两端焊锡处，加热使焊锡熔化，如图 6-44 所示。

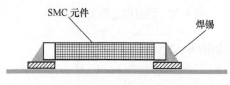

图 6-43　贴装状态检查

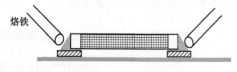

图 6-44　焊锡熔解

取 SMC 元件还可以使用如图 6-45 所示的专用电烙铁。

（3）取下。确认焊锡完全熔化后，用两个电烙铁轻轻将组件向上提起，如图 6-46 所示。

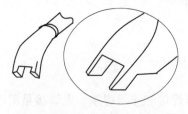

图 6-45　取 SMC 元件专用烙铁头

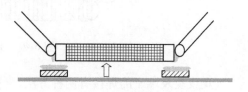

图 6-46　取下 SMC 元件

6.5.2　拆焊四方扁平集成块的方法

拆焊四方扁平集成块的方法如下：

（1）用镊子夹住管脚，用热风加热（注意管脚容易弯曲），如图 6-47 所示。

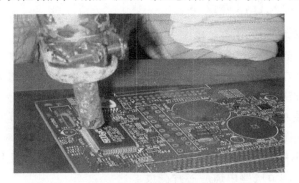

图 6-47　热风枪加热集成块

（2）焊锡熔化后，用图 6-48 所示的真空笔取下集成块。

图 6-48　真空笔

（3）面积较大的集成块，可以按图 6-49 所示的方法，使用比集成块稍大一点的热风嘴加热集成块，然后取下。

a　　　　　　　　　　　　　　b

图 6-49　大面积集成块拆焊示意图

a—大面积集成块；b—热风枪取下

6.6 BGA 的修复性植球技术

BGA 封装的芯片应用越来越多，在进行电子产品检修时，难免要遇到 BGA 封装芯片的重焊问题，BGA 芯片的底面的球形引脚已经遭到破坏，因此，要把球形引脚重新植在 BGA 芯片的底面上，这个过程叫作 BGA 的修复性植球。BGA 的修复性植球方法如下：

（1）把需要植球的 BGA 芯片固定到万能植球台底上，调节两个无弹簧滑块固定住芯片，如图 6-50 所示。

（2）根据芯片型号选择合适规格钢片。将钢片固定到顶盖上并锁紧四个螺丝，盖上顶盖，调节底座以适应芯片高度。

（3）观察钢片圆孔与芯片焊点对齐情况，如错位需取下顶盖调解固定滑块位置直至确保钢片圆孔与芯片焊点完好对齐，如图 6-51 所示。

图 6-50 BGA 芯片固定   图 6-51 钢片圆孔与芯片焊点对齐

（4）锁紧两个无弹簧的固定滑块，取下 BGA 芯片并涂上薄薄一层焊膏，将芯片再次卡入底座上，盖上顶盖，如图 6-52 所示。

（5）倒入适量锡球，双手捏紧植球台并轻轻晃动，使锡球完全填充芯片的所有焊点，并注意在同一个焊点上不要有多余的锡球，清理出多余锡球。

（6）将植球台放置于平坦桌面上，取下顶盖，小心拿下 BGA 芯片，观察芯片，如有个别锡球位置略偏可用镊子纠正，如图 6-53 所示。

图 6-52 BGA 芯片涂焊膏   图 6-53 BGA 芯片植球检查

（7）锡球的固定方法可使用返修台，加热 BGA 芯片上的锡球，使锡球焊接到 BGA 芯片上，至此植球完毕。

6.7 实战检验：贴片调频收音机手工装接

掌握贴片元器件电子产品的手工装接技能，能够使你在现代电子产品生产企业中对贴片元器件的装配焊接技术灵活运用，适应岗位的需要，能够从事贴片元器件电子产品的装配焊接、质量检查、故障检修等工作，成为适应现代企业的高技能蓝领。

6.7.1 明确任务

（1）根据印制电路板及元件装配图对照电原理图（图 6-54）和材料清单（表 6-2），对照印制电路板及元件装配图（图 6-55）按照正确装配顺序进行元器件的插装及贴装，用 20W 内热式锥形头电烙铁进行手工焊接。

（2）装配焊接后进行检查，无误后装入机壳，装上电池通电试机。

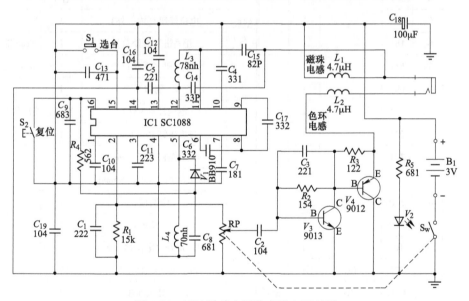

图 6-54　2031 贴片电调收音机电原理图

6.7.2 进行电路板的手工装接

（1）明确安装顺序。按照工艺流程贴片，顺序为：C_1/R_1，C_2/R_2，C_3/V_3，C_4/V_4，C_5/R_3，C_6/SC1088，C_7，C_8/R_4，C_9，C_{10}，C_{11}，C_{12}，C_{13}，C_{14}，C_{15}，C_{16}。注意 SMC 和 SMD 不得用手拿，用镊子夹持不可夹到引线上，贴片电容表面没有标志，一定要保持准确及时贴到指定位置。

表 6-2　2031 贴片电调收音机材料清单

类别	代号	规格	型号/封装	数量/个	备注	类别	代号	规格	型号/封装	数量/个	备注
电阻	R_1	153	2012 (2125) RJ1/8W	1		电感	*L_1	4.7μH	磁珠电感	1	
	R_2	154		1			*L_2	4.7μH	色环电感	1	
	R_3	122		1			*L_3	78nH	空芯电感	1	8 匝
	R_4	562		1			*L_4	70nH	空芯电感	1	5 匝
	R_5	681		1		晶体管	*V_1		BB910	1	
电容	C_1	222		1			*V_2		LED	1	
	C_2	104		1			V_3	9013	SO-T23	1	或 9014
	C_3	221		1			V_4	9012	SO-T23	1	
	C_4	331		1		塑胶件			前盖	1	
	C_5	221		1					后盖	各 1	
	C_6	332		1					电位器钮（内、外）	1	
	C_7	181		1					开关钮（有缺口）	1	Scan 键
	C_8	681		1					开关钮（无缺口）	1	Reset 键
	C_9	683		1					别扣	1	
	C_{10}	104		1		金属件			电池片（3 件）		正负连接片各 1
	C_{11}	223		1					自攻螺钉 PA2×8mm	1	
	C_{12}	104		1					自攻螺钉 PA2×5mm	1	
	C_{13}	471		1					电位器螺钉 KM1.6×5mm	1	
	C_{14}	33P		1		其他件			印制板	1	
	C_{15}	82P		1					耳机 32 欧×2	1	
	C_{16}	104		1					RP（带开关电位器 51K）	1	
	*C_{17}	332	CC						S_1、S_2（轻触开关）	各 1	
	*C_{18}	100μ	CD	1	6×6				Xs（耳机插座）	1	
	*C_{19}	104	CT	1	223-104				0.8×6mm 导线	2	
IC	A		SC1088	1							

注：材料清单的代号中标注"*"符号的元件为通孔插装元件。

（2）进行手工装配焊接。对照印制电路板及元件装配图按照上述装配顺序进行元器件的贴装，用锥形头的 20W 内热式电烙铁，按照手工焊接工艺要求进行焊接，确保焊点质量合格。

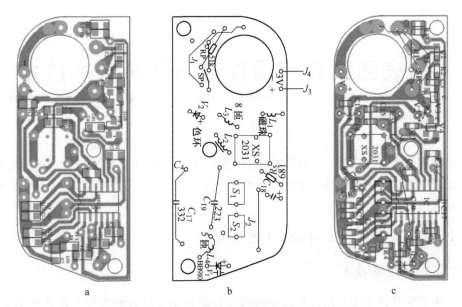

图 6-55 印制电路板及元件装配图（焊接面）

a—SMT 贴片安装图；b—THT 插件安装图；c—SMT、THT 综合安装图

7 表面贴装元器件的贴片再流焊技术

再流焊也叫回流焊,是把贴装有元器件的 PCB 通过再流焊设备,使贴装的焊锡膏通过加热再次熔化、湿润、冷却、凝固,将贴片元器件焊接到印制电路板焊盘上的过程。

7.1 表面贴装元器件的贴焊工艺

7.1.1 表面贴装技术

表面贴装技术由元器件和电路板设计技术及组装设计和组装工艺技术组成,见表 7-1。表面贴装工艺主要由组装材料、组装技术、组装设备 3 部分组成,见表 7-2。

表 7-1 表面贴装技术的组成

组装元器件	封装设计	结构尺寸,端子形式,耐焊性等
	制造技术	
	包装	编带式,棒式,托盘式,散装等
电路基板技术	单(多)层印制电路板,陶瓷基板、瓷釉金属基板	
组装设计	电设计,热设计,元器件布局和电路布线设计,焊盘图形设计	
组装工艺技术	组装方式和工艺流程	
	组装材料	
	组装技术	
	组装设备	

7.1.2 表面贴装技术工艺分类

采用表面贴装技术完成装联的印制板组装件叫作表面贴装组件(surface mount assembly,SMA)。一般将表面贴装工艺分为 6 种组装方式,如表 7-3 所示。SMT 有两大类基本的工艺流程,一类是锡膏-再流焊工艺,一类是点胶-波峰焊工艺。在实际生产中,应根据所用元器件和生产装备的类型及产品的需求,选择单独进行或者重复、混合使用,以满足不同产品生产的需要。

表7-2　表面贴装工艺组成

组装材料	涂敷材料	焊膏、焊料、贴装胶		
	工艺材料	焊剂、清洗剂、热转换介质		
组装技术	涂敷技术	点涂、针转印、印制（丝网、模板）		
	贴装技术	顺序式、在线式、同时式		
	焊接技术	波峰焊接	焊接方法——双波峰、喷射波峰	
			贴装胶涂敷——点涂、针转印	
			贴装胶固化——紫外、红外、电加热	
		再流焊接	焊接方法——焊膏法、预置焊料法	
			焊膏涂敷——点涂、印刷	
			加热方法——气相、红外、热风、激光等	
	清洗技术	溶剂清洗、水清洗		
	检测技术	非接触式检测、接触式检测		
	返修技术	热空气对流、传导加热		
组装设备	涂敷设备	点涂器、针式转印机、印刷机		
	贴片机	顺序式贴片机、同时式贴片机、在线式贴装系统		
	焊接设备	双波峰焊机、喷射波峰焊机、各种再流焊接设备		
	清洗设备	溶剂清洗机、水清洗机		
	测试设备	各种外观检查设备、在线测试仪、功能测试仪		
	返修设备	热空气对流返修工具和设备、传导加热返修设备		

表7-3　组装工艺的六种组装方式

序号	组装方式		组装示意图	电路基板及特征
1	表面安装	单面表面贴装		单面印刷电路板 双面印刷电路板或 多层印刷电路板
2		双面表面贴装		
3	单面板混装	先贴后插单面焊接		双面印刷电路板，元件在两面
4	双面板混装	先贴后插单面焊接		双面印刷电路板，元件在一面

序号	组装方式		组装示意图	电路基板及特征
5	双面混装	先贴后插单面焊接		双面印刷电路板或多层印刷电路板
6		先贴后插双面焊接		

7.1.3　SMT 再流焊工艺流程

印制电路板装配焊接采用再流焊工艺，涂敷焊料的典型方法之一是用丝网或模板印刷焊锡膏，其流程为：制作焊锡膏丝网或模板→漏印焊锡膏→贴装 SMT 元器件→再流焊→印制电路板清洗测试。不同的 SMT 印制电路板再流焊工艺流程不同。

（1）单面 SMT 印制电路板的工艺流程。单面 SMT 印制电路板可以进行再流焊，也可以进行波峰焊。用再流焊工艺的流程为：A 面漏印锡膏→贴片→再流焊→印制电路板清洗测试。用波峰焊工艺的流程为：A 面点胶→贴片→固化→A 面波峰焊→印制电路板清洗测试。

（2）双面 SMT 印制电路板（B 面先贴片：SMC、SOP 等小型器件；不适合 PLCC、BGA、QFP 等大型器件）的工艺流程。A 面用再流焊，B 面用波峰焊的工艺流程为：B 面点胶→贴片→固化→A 面漏印锡膏→贴片→再流焊→B 面波峰焊→印制电路板清洗测试。两面都用再流焊的工艺流程为：B 面漏印锡膏→贴片→再流焊→A 面漏印锡膏→贴片→再流焊→印制电路板清洗测试。

（3）SMD+THD 混合组装在印制板的单面的工艺流程。混装在单面的工艺流程为：A 面漏印锡膏→贴片→再流焊→A 面插件→B 面波峰焊→印制电路板清洗测试。

（4）SMD+THD 混合组装在印制电路板两面的工艺流程。SMD 多于 THD 情况的工艺流程为：B 面点胶→贴片→固化→A 面漏印锡膏→贴片→再流焊→A 面插件→B 面波峰焊→印制电路板清洗测试。THD 较少情况的工艺流程为：A 面漏印锡膏→贴片→再流焊→B 面漏印锡膏→贴片→再流焊→A 面插件→手工焊接→印制电路板清洗测试。全部用波峰焊的工艺流程为：B 面点胶→贴片→固化→A 面插件→B 面波峰焊→印制电路板清洗测试。

实际上，根据产品的复杂程度的不同和各企业的设备条件，可以选择多种工艺流程。在企业实际生产中，在 SMT 工艺流程的每一个阶段完成之后，都要进行质量检验。完整的工艺总流程如图 7-1 所示。

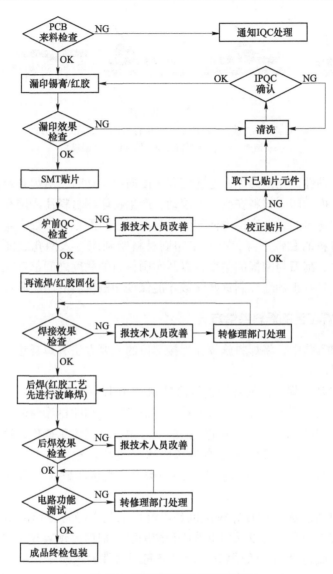

图 7-1 完整的 SMT 工艺总流程

7.2 印刷锡膏工艺

印刷焊膏技术是采用已经制好的模板（也称为网板、漏板），用一定的方法使模板和印刷机直接接触，并使焊膏在模板上均匀滚动，由模板图形注入网孔。当模板离开印制板时，焊膏就以模板上的图形的形状从网孔脱落到印制板相应的焊盘图形上，从而完成了焊膏在印制板上的印刷，如图 7-2 所示。完成这个印刷过程而采用的设备就是焊膏印刷机。

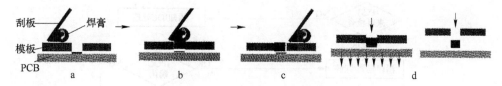

图 7-2　印刷焊膏

a—焊膏在刮板前滚动前进；b—产生将焊膏注入漏孔的压力；
c—切变力使焊膏注漏孔；d—焊膏释放（脱模）

焊膏具有黏性，当刮刀以一定速度和角度向前移动时，对焊膏或贴片胶产生一定的压力，推动印刷材料在刮板前滚动，产生将印刷材料注入网孔或漏孔所需的压力，印刷材料的黏性摩擦力使印刷材料在刮板与网板交接处产生切变力，切变力使印刷材料的黏性下降，有利于印刷材料顺利地注入网孔或漏孔。刮刀速度、刮刀压力、刮刀与网板的角度，以及印刷材料的黏度之间都存在一定的制约关系，因此，只有正确地控制这些参数才能保证印刷材料的印刷质量。

7.2.1　再流焊工艺的焊料供给方法

在再流焊工艺中，将焊料施放在焊接部位的主要方法有焊膏法、预敷焊料法和预形成焊料法。

（1）焊膏法。焊膏法是将焊锡膏涂敷到 PCB 板焊盘图形上，是再流焊工艺中最常用的方法。焊膏涂敷方式有两种：注射滴涂法和印刷涂敷法。注射滴涂法主要应用在新产品的研制或小批量产品的生产中，可以手工操作，速度慢、精度低但灵活性高。印刷涂敷法又分直接印刷法（也称模板漏印法或漏板印刷法）和非接触印刷法（也称丝网印刷法）两种类型，直接印刷法是目前高档设备广泛应用的方法。

（2）预敷焊料法。预敷焊料法也是再流焊工艺中经常使用的施放焊料的方法。在某些应用场合，可以采用电镀法和熔融法，把焊料预敷在元器件电极部位的细微引线上或是 PCB 板的焊盘上。在窄间距器件的组装中，采用电镀法预敷焊料是比较合适的，但电镀法的焊料镀层厚度不够稳定，需要在电镀焊料后再进行一次熔融，以获得稳定的焊料层。

（3）预形成焊料法。预形成焊料是将焊料制成各种形状，如片状、棒状、微小球状等预先成形的焊料，焊料中可含有助焊剂。这种形式的焊料主要用于半导体芯片中的键合部分、扁平封装器件的焊接工艺中。

7.2.2　锡膏印刷技术

SMT 锡膏印刷采用的设备叫锡膏印刷机，SMT 锡膏印刷机大致分为手动、半自动和全自动三个档次印刷机，如图 7-3 所示。

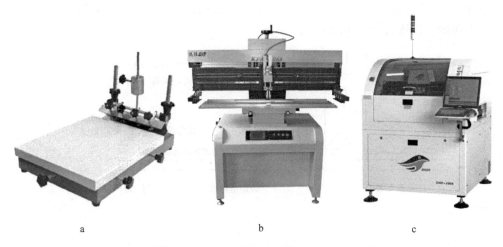

图 7-3　锡膏印刷机

a—手动印刷机；b—半自动锡膏印刷机；c—全自动锡膏印刷机

（1）锡膏印刷机的结构。手动印刷机采用机械定位，手动对正钢网和 PCB 焊盘的位置，手动移动刮板，印刷质量较差，且对操作人员要求较高，适合印刷质量要求不高的小批量生产。半自动印刷机采用机械定位，手动对正钢网和 PCB 焊盘的位置，刮板的速度和压力可以设定，印刷质量比手动印刷机高，且对操作人员要求不高，适合小投资批量生产。全自动印刷机采用机械定位和光学识别校正系统，自动对正钢网和 PCB 焊盘的位置，刮板的速度和压力可以设定，印刷质量最好，操作容易。

印刷机由夹持 PCB 基板的工作台（包括工作台面、真空夹持或板边夹持机构、工作台传输控制机构）、印刷头系统（包括刮刀、刮刀固定机构、印刷头的传输控制系统等）、丝网或模板及其固定机构、视觉对中系统、擦板系统和二维、三维测量系统等几部分组成。

（2）锡膏印刷机工作过程。不同的印刷方法其过程不同，具体过程如下：

1）漏印模板印刷法的工作过程。如图 7-4a 所示，将 PCB 板放在工作支架上，由真空泵或机械方式固定，将已加有印刷图形的漏印模板在金属框架上绷紧，模板与 PCB 表面接触，镂空图形网孔与 PCB 板上的焊盘对准，把焊锡膏放在漏印模板上，刮刀（亦称刮板）从模板的一端向另一端推进，同时压刮焊膏通过模板上的镂空图形网孔印刷（沉淀）到 PCB 的焊盘上。刮刀双向刮锡，锡膏图形比较饱满。高档的 SMT 印刷机一般有 A、B 两个刮刀：当刮刀从右向左移动时，刮刀 A 上升，刮刀 B 下降，刮刀 B 压刮焊膏；当刮刀从左向右移动时，刮刀 B 上升，刮刀 A 下降，刮刀 A 压刮焊膏。两次刮锡后，PCB 与模板脱离（PCB 下降或模板上升），如图 7-4b 所示，完成锡膏印刷过程。图 7-4c 描述了简易 SMT 印刷机的操作过程，漏印模板用薄铜板制作，将 PCB 准确定位以后，手持不锈钢刮板进行锡膏印刷。

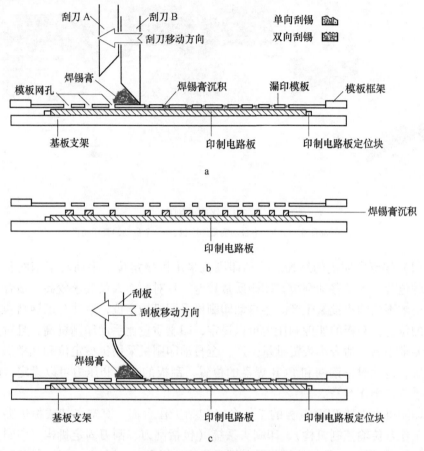

图 7-4　漏印模板印刷法的基本原理
a—双向刮锡；b—PCB 与模板脱离；c—简易 SMT 印刷

2）丝网印刷涂敷法的工作过程。用乳剂涂敷到丝网上，只留出印刷图形的开口网目，就制成了非接触式印刷涂敷法所用的丝网。丝网印刷涂敷法的基本原理如图 7-5 所示。将 PCB 板固定在工作支架上，将印刷图形的漏印丝网绷紧在框架上并与 PCB 板对准，将焊锡膏放在漏印丝网上，刮刀从丝网上刮过去，压迫丝网与 PCB 表面接触，同时压刮焊膏通过丝网上的图形印刷到 PCB 的焊盘上。

7.2.3　印刷质量分析

（1）锡膏不足分析。锡膏不足的原因有：印刷机工作时，没有及时补充添加锡膏；锡膏品质异常，其中混有硬块等异物；以前未用完的锡膏已经过期，被

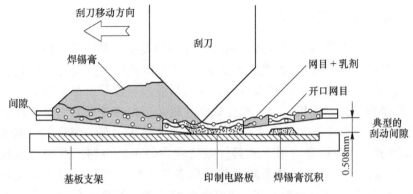

图 7-5 丝网印刷涂敷法的基本原理

二次使用；电路板质量问题，焊盘上有不显眼的覆盖物，电路板在印刷机内的固定夹持松动；锡膏漏印网板薄厚不均匀；锡膏漏印网板或电路板上有污染物；锡膏刮刀损坏、网板损坏；锡膏刮刀的压力、角度、速度及脱模速度等设备参数设置不合适；锡膏印刷完成后，被人为因素不慎碰掉。

（2）锡膏粘连分析。锡膏粘连的原因有：电路板的设计缺陷，焊盘间距过小；网板问题，镂孔位置不正；网板未擦拭洁净；网板问题使锡膏脱模不良；锡膏性能不良，黏度、坍塌不合格；电路板在印刷机内的固定夹持松动；锡膏刮刀的压力、角度、速度及脱模速度等设备参数设置不合适；锡膏印刷完成后，被人为因素挤压粘连。

（3）锡膏印刷整体偏位分析。锡膏印刷整体偏位的原因有：电路板上的定位基准点不清晰；电路板上的定位基准点与网板的基准点没有对正；电路板在印刷机内的固定夹持松动，定位顶针不到位；印刷机的光学定位系统故障；锡膏漏印网板开孔与电路板的设计文件不符合。

（4）印刷锡膏拉尖分析。印刷锡膏拉尖的原因有：锡膏黏度等性能参数有问题；电路板与漏印网板分离时的脱模参数设定有问题；漏印网板镂孔的孔壁有毛刺。

7.3 贴片工艺技术

贴片是在 PCB 板上印好焊锡膏或贴片胶以后，用贴片机将 SMC/SMD 准确地贴放到 PCB 表面相应位置上的过程。目前在国内的电子产品制造企业里，主要采用自动贴片机进行自动贴片。根据贴装速度的快慢，可以分为高速机（通常贴装速度在 5 片/s 以上）与中速机，一般高速贴片机主要用于贴装各种 SMC 元件和较小的 SMD 器件（最大约 25mm×30mm）；而多功能贴片机能够贴装大尺寸（最大 60mm×60mm）的 SMD 器件和连接器（最大长度可达 150mm）等异形元器件。

7.3.1 认识贴片机工作方式

按照贴装元器件的工作方式，贴片机有四种类型：顺序式、同时式、流水作业式和顺序-同时式。它们在组装速度、精度和灵活性方面各有特色，要根据产品的品种、批量和生产规模进行选择。目前国内电子产品制造企业里，使用最多的是顺序式贴片机。流水作业式贴片机是指由多个贴装头组合而成的流水线式的机型，每个贴装头负责贴装一种或在电路板上某一部位的元器件，如图 7-6a 所示。这种机型适用于元器件数量较少的小型电路。顺序式贴片机如图 7-6b 所示，是由单个贴装头顺序地拾取各种片状元器件，固定在工作台上的电路板由计算机进行控制，在 x-y 方向上的移动，使板上贴装元器件的位置恰好位于贴装头的下面。同时式贴片机，也称多贴装头贴片机，是指它有多个贴装头，分别从供料系统中拾取不同的元器件，同时把它们贴放到电路基板的不同位置上，如图 7-6c 所示。顺序-同时式贴片机，则是顺序式和同时式两种机型功能的组合。片状元器件的放置位置，可以通过电路板在 x-y 方向上的移动或贴装头在 x-y 方向上的移动来实现，也可以通过两者同时移动实施控制，如图 7-6d 所示。

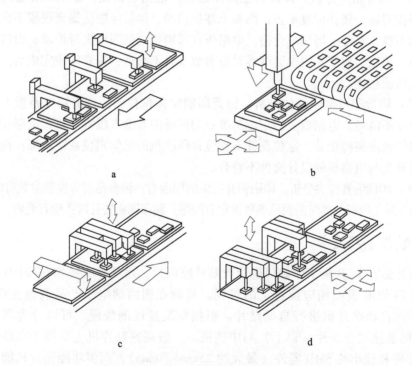

a   b

c   d

图 7-6 SMT 元器件贴片机的工作方式

a—流水作业式；b—顺序式；c—同时式；d—顺序-同时式

在选用贴片机时，必须考虑其贴片速度、贴片精度、送料方式和送料容量等指标，使它既符合当前产品的要求，又能适应近期发展的需要。对于要求贴装一般的片状阻容元件和小型平面集成电路，可以选用一台多贴装头的贴片机，速度快但精度要求不高；如果还要贴装引脚密度更高的 PLCC/QFP 器件，就应该选用一台具有视觉识别系统的贴装精度更高的多功能贴片机和一台用来贴装片状阻容元件的普通贴片机，配合起来使用。供料系统可以根据使用的贴片元器件的种类来选定，尽量采用盘状纸带式包装，以便提高贴片机的工作效率。对于刚刚起步生产 SMT 电子产品的企业，应该选择一种由主机加上很多选件组成的中、小型贴片机系统。主机的基本性能好，价格不太高，可以根据需要选购多种附件，组成适应不同产品需要的多功能贴片机。

7.3.2　认识贴片机的主要结构

自动贴片机相当于机器人的机械手，能按照事先编制好的程序把元器件从包装中取出来，并贴放到电路板相应的位置上，如图 7-7 所示。贴片机的基本结构包括设备本体、片状元器件供给系统、电路板传送与定位装置、贴装头及其驱动定位装置、贴片工具（吸嘴）、计算机控制系统等。为适应高密度超大规模集成电路的贴装，比较先进的贴片机还具有光学检测与视觉对中系统，保证芯片能够高精度地准确定位。

图 7-7　贴片机

（1）设备本体。贴片机的设备本体是用来安装和支撑贴片机的底座，一般采用质量大、振动小、有利于保证设备精度的铸铁件制造。机架是机器的基础，所有的传动、定位、传送机构均固定在上面，贴片机及其各种送料器安装在上面。

（2）贴装头。贴装头也称吸放头，是贴片机上最复杂、最关键的部分，它相当于机械手，它拾取元器件后能在校正系统的控制下自动校正位置，并将元器件准确地贴放到指定的位置。它的动作由拾取-贴放和移动-定位两种模式组成。第一，贴装头通过程序控制，完成三维的往复运动，实现从供料系统取料后移动到电路基板的指定位置上。第二，贴装头的端部有一个用真空泵控制的贴装工具（吸嘴），如图 7-8 所示。不同形状、不同大小的元器件要采用不同的吸嘴拾放。一般元器件采用真空吸嘴，异形元件（例如没有吸取平面的连接器等）用机械爪结构拾放。当换向阀门打开时，吸嘴的负压把 SMT 元器件从供料系统（散装料仓、管状料斗、盘状纸带或托盘包装）中吸上来；当换向阀门关闭时，吸嘴把元器件释放到电路基板上。贴装头

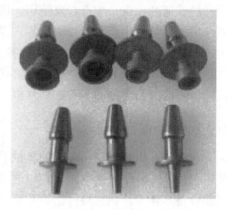

图 7-8　贴片头吸嘴

通过上述两种模式的组合，完成拾取-贴放元器件的动作。贴装头还可以用来在电路板指定的位置上点胶，涂敷固定元器件的黏合剂。贴装头的 x-y 定位系统一般用直流伺服电机驱动、通过机械丝杠传输力矩。贴装头的发展是贴片机进步的标志，贴片头已由早期的单头、机械对中发展到多头光学对中，有单头贴片头、固定式多头、水平旋转式/转塔式、旋转式、垂直旋转式/转盘式贴片头，如图 7-9 所示。

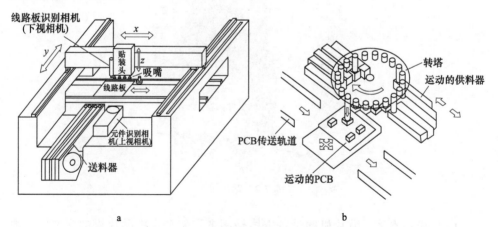

a　　　　　　　　　　　　　　　b

图 7-9　贴片头

a—水平式；b—转塔式

（3）供料系统。供料系统的工作状态，根据元器件的包装形式和贴片机的类型而确定。适合于表面贴装元器件的供料装置有编带、管状、托盘和散装等几种形式，如图7-10所示。贴装前，将各种类型的供料装置分别安装到相应的供料器支架上。随着贴装进程，装载着多种不同元器件的散装料仓水平旋转，把即将贴装的那种元器件转到料仓门的下方，便于贴装头拾取。纸带包装元器件的盘装编带随编带架（feeder）垂直旋转，直立料管中的芯片靠自重逐片下移，托盘料斗在水平面上二维移动，将片式元器件按照一定的规律和顺序提供给贴装头以便准确方便的拾取。

图 7-10　各种供料装置

a—管式；b—盘式；c—带式

（4）传送机构与定位系统。传送机构的作用是将需要贴片的 PCB 送到预定位置，贴装完成后再将 SMA 送至下道工序。传送机构是安放在轨道上的超薄型皮带传送系统。通常皮带安置在轨道边缘，皮带分为 A、B、C 三段，并在 B 区传送部位设有 PCB 夹紧机构，在 A、C 区装有红外传感器。电路板定位系统可以简化为一个固定了电路板的 x-y 二维平面移动的工作台。在计算机控制系统的操纵下，电路板随工作台沿传送轨道移动到工作区域内，并被精确定位，使贴装头能把元器件准确地释放到一定的位置上。x、y 定位系统包括 x、y 传动结构和 x、y 伺服系统。贴片头安装在 x 导轨上，x 导轨沿 y 方向运动从而实现在 x-y 方向贴片的全过程；支撑 PCB 承载平台并实现 PCB 在 x-y 方向移动，贴片头仅做旋转运动，而依靠送料器的水平移动和 PCB 承载平面的运动完成贴片过程。精确定位的核心是"对中"，有机械对中、激光对中、激光加视觉混合对中以及全视觉对中方式。光学对中系统指贴片机在吸取元件时保证吸嘴吸在元件中心与贴片头主轴的中心保持一致。吸头吸取元件后，CCD 摄像机对元件成像。转化成数字图像型号。经计算机分析出元件的几何中心并与控制中心进行比较。计算出元件中心与吸嘴中心进行比较的 xyz 值的误差，并及时反馈至控制系统进行修正，保证元器件引脚与 PCB 焊盘重合，如图 7-11 所示。

图 7-11　光学对中

（5）计算机控制系统。计算机控制系统是指挥贴片机进行准确有序操作的核心，通过高级语言软件或硬件开关，在线或离线编制计算机程序并自动进行优化，控制贴片机的自动工作步骤。每个贴片元器件的精确位置都要编程输入计算机。视觉检测系统也是通过计算机实现对电路板上贴片位置的图形识别。

7.3.3　认识贴片机的主要指标

要保证贴片质量，应该考虑三个要素：贴装元器件的正确性、贴装位置的准确性和贴装压力（贴片高度）的适度性。即衡量贴片机的三个重要指标：精度、速度和适应性。

（1）精度。精度与贴片机的"对中"方式有关，其中以全视觉对中的精度最高。一般来说，贴片的精度体系包含三个项目：贴片精度、分辨率、重复精度，三者之间有一定的相关性。贴片精度是指元器件贴装后相对于 PCB 上标准位置的偏移量大小，被定义为元器件焊端偏离指定位置的综合误差的最大值。贴装 SMC 要求精度达到 ±0.01mm，贴装高密度、窄间距的 SMD 至少要求精度达到 +0.06mm。分辨率是贴片机分辨空间连续点的能力，表明贴片机能够分辨的最近两点之间的距离，是用来度量贴片机运行时的最小增量，衡量机器本身精度的重要指标。丝杠的每个步进长度为 0.01mm，那么该贴片机的分辨率为 0.01mm。描述贴片机性能时很少使用分辨率，一般在比较不同贴片机的性能时才使用它。重复精度是贴装头重复返回标定点的能力。通常采用双向重复精度的概念，它定义为"在一系列试验中，从两个方向接近任一给定点时，离开平均值的偏差"。

（2）贴片速度。PCB 板的设计质量、元器件供料器的数量和位置等因素都会影响贴片机的贴片速度。一般高速机的贴片速度高于 5 片/s，目前最快的贴片速度已经达到 20 片/s；高精度、多功能贴片机一般都是中速机，贴片速度为 2～3 片/s 左右。贴片机的速度主要用以下几个指标来衡量：

1）贴装周期。指完成一个贴装过程所用的时间，它包括从拾取元器件、元器件定位、检测、贴放和返回到拾取元器件的位置这一过程所用的时间。

2）贴装率。指在一小时内完成的贴片周期数。测算时，先测出贴片机在 50mm×250mm 的电路板上贴装均匀分布的 150 只片状元器件的时间，然后计算出贴装一只元器件的平均时间，最后计算出一小时贴装的元器件数量，即贴装率。目前高速贴片机的贴装率可达每小时数万片。

3）生产量。理论上每班的生产量可以根据贴装率来计算，但由于实际的生产量会受到许多因素的影响，与理论值有较大的差距。影响生产量的因素有生产时停机、更换供料器或重新调整电路板位置的时间等因素。

（3）适应性。适应性是指贴片机适于贴装什么样的元器件，能够容纳供料器的数目与种类，能贴装多大面积的印制电路板，是否能灵活调整等方面。具体的适应性如下：

1）贴片机能贴装的元器件种类。决定贴装元器件类型的主要因素是贴片精度、贴装工具、定位机构与元器件的相容性，以及贴片机能够容纳供料器的数目和种类。贴装元器件种类广泛的贴片机，比仅能贴装 SMC 或少量 SMD 类型的贴片机的适应性好。

2）贴片机能够容纳供料器的数目与种类。贴片机上供料器的容纳量，通常用能装到贴片机上的 8mm 编带供料器的最多数目来衡量。一般高速贴片机的供料器位置大于 120 个，多功能贴片机的供料器位置在 60～120 个之间。由于并不是所有元器件都能包装在 8mm 编带中，所以贴片机的实际容量将随着元器件的类型而变化。

3）贴装面积。由贴片机传送轨道及贴装头的运动范围决定。一般可贴装的电路板尺寸，最小为 50mm×50mm，最大应大于 250mm×300mm。

4）贴片机的调整。当贴片机从组装一种类型的电路板转换到组装另一种类型的电路板时，需要进行贴片机的再编程、供料器的更换、电路板传送机构和定位工作台的调整、贴装头的调整和更换等工作。高档贴片机一般采用计算机编程方式进行调整，低档贴片机多采用人工方式进行调整。

7.3.4 元器件贴装偏差控制与高度控制

（1）元器件贴装偏差控制。不同元器件的贴装偏差要求如下：

1）矩形元件允许的贴装偏差范围。如图 7-12a 所示，贴装矩形元件的理想状态是，焊端居中位于焊盘上。但在贴装时可能发生横向移位、纵向移位或旋转偏移，合格的标准是：横向上焊端宽度的 3/4 以上在焊盘上，即焊端宽度 D_1 大于焊盘宽度 W 的 75%；纵向上焊端与焊盘必须交叠，即焊端宽度 $D_2>0$；发生旋转偏移时，焊端宽度 D_3 大于焊盘宽度 W 的 75%；元件焊端必须接触焊锡膏图形，即焊端宽度 $D_4>0$。任意一项不符合上述标准的，即为不合格。

2）小封装晶体管（SOT）允许的贴装偏差范围。合格标准是允许有旋转偏差，但引脚必须全部在焊盘上。

3）小封装集成电路（SOIC）允许的贴装偏差范围。合格标准是允许有平移或旋转偏差，但必须保证引脚宽度的 3/4 在焊盘上，即焊端宽度 D_5 大于引脚宽度 W 的 75%，如图 7-12b 所示。

4）四边扁平封装器件和超小型器件（QFP，包括 PLCC 器件）允许的贴装偏差范围。要保证引脚宽度的 3/4 在焊盘上，允许有旋转偏差，但必须保证引脚长度的 3/4 在焊盘上。

5）BGA 器件允许的贴装偏差范围。合格标准是焊球中心与焊盘中心的最大偏移量小于焊球半径，即焊端宽度 D_6 小于焊球半径，如图 7-12c 所示。

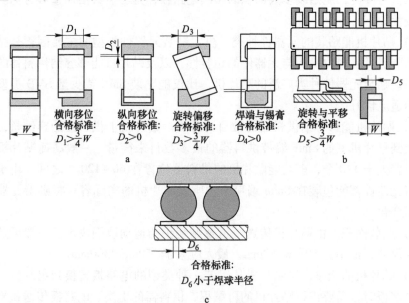

图 7-12　元器件贴装偏差

a—矩形元件贴装偏差；b—小封装集成电路贴装偏差；c—BGA 器件贴装偏差

（2）元器件贴片压力（贴装高度）控制。元器件贴片压力要合适，如果压力过小，元器件焊端或引脚浮放在焊锡膏表面，焊锡膏就不能粘住元器件，在电路板传送和焊接过程中，未粘住的元器件可能移动位置。如果元器件贴装压力过大，焊膏挤出量过大，容易造成焊锡膏外溢，使焊接时产生桥接，同时也会造成器件的滑动偏移，严重时会损坏器件。

7.3.5 SMT 贴片工艺品质分析

SMT 贴片常见的品质问题有漏件、翻件、侧件、偏位、损坏等。

（1）贴片漏件分析。贴片漏件的主要因素有：元器件供料架（feeder）送料不到位；元件吸嘴的气路堵塞、吸嘴损坏、吸嘴高度不正确；设备的真空气路故障，发生堵塞；电路板进货不良，产生变形；电路板的焊盘上没有锡膏或锡膏过少；元器件质量问题，同一品种的厚度不一致；贴片机调用程序有错漏，或者编程时对元器件厚度参数的选择有误；人为因素不慎碰掉。

（2）SMC 电阻器贴片时翻件、侧件分析。翻件、侧件的主要因素有：元器件供料架（feeder）送料异常；贴装头的吸嘴高度不对；贴装头抓料的高度不对；元件编带的装料孔尺寸过大，元件因震动翻转；散料放入编带时的方向相反。

（3）元器件贴片偏位分析。偏位的主要因素有：贴片机编程时，元器件的 x-y 轴坐标不正确；贴片吸嘴原因，使吸料不稳。

（4）元器件贴片时损坏分析。元器件贴片时损坏的主要因素有：定位顶针过高，使电路板的位置过高，元器件在贴装时被挤压；贴片机编程时，元器件的 z 轴坐标不正确；贴装头的吸嘴弹簧被卡死。

7.4 再流焊工艺技术

再流焊也称回流焊，是伴随微型化电子产品的出现而发展起来的锡焊技术，主要应用于各类表面贴装元器件的焊接。这种焊接技术的焊料是焊锡膏。先在电路板的焊盘上涂敷适量和适当形式的焊锡膏，再把 SMT 元器件贴放到相应的位置；焊锡膏具有一定黏性，使元器件固定；然后让贴装好元器件的电路板进入再流焊设备。传送系统带动电路板通过设备里各个设定的温度区域，焊锡膏经过干燥、预热、熔化、润湿、冷却，将元器件焊接到印制电路板上。再流焊的核心环节是利用外部热源加热，使焊料熔化而再次流动浸润，完成电路板的焊接过程。再流焊操作方法简单，效率高、质量好、一致性好，节省焊料，是一种适合自动化生产的电子产品装配技术。再流焊工艺是 SMT 电路板组装技术的主流。再流焊工艺的一般流程如图 7-13 所示。

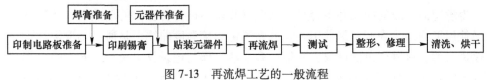

图 7-13　再流焊工艺的一般流程

7.4.1 再流焊的温度工艺要求

　　控制与调整再流焊设备内焊接对象在加热过程中的时间-温度参数关系，是决定再流焊效果与质量的关键。再流焊的加热过程分成预热、焊接（再流）和冷却三个最基本的温度区域，主要有两种实现方法：一种是沿着传送系统的运行方向，让电路板顺序通过隧道式炉内的各个温度区域；另一种是把电路板停放在某一固定位置上，在控制系统的作用下，按照各个温度区域的梯度规律调节、控制温度的变化。温度曲线主要反映电路板组件的受热状态，再流焊的理想焊接温度曲线如图 7-14 所示。

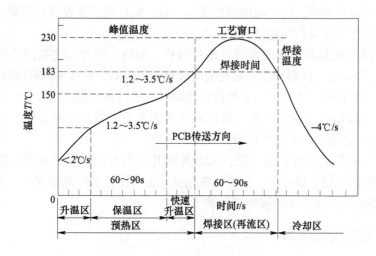

图 7-14　再流焊的理想焊接温度曲线

　　典型的温度变化过程通常由三个温区组成，分别为预热区、焊接（再流）区与冷却区。预热区中焊接对象从室温逐步加热至 150℃ 左右的区域，缩小与再流焊的温差，焊膏中的溶剂被挥发。焊接（再流）区中温度逐步上升，超过焊膏熔点温度 30% ~ 40%（一般 Sn-Pb 焊锡的熔点为 183℃，比熔点高约 47 ~ 50℃），峰值温度达到 220~230℃ 的时间短于 10s，焊膏完全熔化并湿润元器件焊端与焊盘。这个范围一般被称为工艺窗口。冷却区中焊接对象迅速降温，形成焊点，完成焊接。

　　由于元器件的品种、大小与数量不同以及电路板尺寸等诸多因素的影响，要获得理想而一致的曲线并不容易，需要反复调整设备各温区的加热器，才能达到最佳温度曲线。为调整最佳工艺参数而测定焊接温度曲线，是通过温度测试记录仪进行的，这种记录测试仪，一般由多个热电偶与记录仪组成。5~6 个热电偶分别固定在小元件、大器件、BGA 芯片内部、电路板边缘等位置，连接记录仪，一起随电路板进入炉膛，记录时间-温度参数。在炉子的出口处取出后，把参数送入计算机，用专用软件描绘曲线。

为了保证再流焊的质量，再流焊的工艺要求如下：

（1）要设置合理的温度曲线。再流焊是 SMT 生产中的关键工序，假如温度曲线设置不当，会引起焊接不完全、虚焊、元件翘立（"竖碑"现象）、锡珠飞溅等焊接缺陷，影响产品质量。

（2）SMT 电路板在设计时就要确定再流焊时在设备中的运行方向，并应当按照设计的方向进行焊接。一般，应该保证主要元器件的长轴方向与电路板的运行方向垂直。

（3）在焊接过程中，要严格防止传送带振动。传送带振动使得再流焊件不够平稳，容易造成"立碑"现象等质量缺陷。

（4）必须对第一块印制电路板的焊接效果进行判断，实行首件检查制。检查焊接是否完全有无焊膏熔化不充分、虚焊或桥接的痕迹、焊点表面是否光亮、焊点形状是否向内凹陷、是否有锡珠飞溅和残留物等现象，还要检查 PCB 的表面颜色是否改变。在批量生产过程中，要定时检查焊接质量，及时对温度曲线进行修正。

7.4.2 认识再流焊机的结构与工作过程

再流焊机主要由炉体、加热装置、PCB 传送装置、排气系统、冷却系统、计算机控制系统组成，如图 7-15 所示。

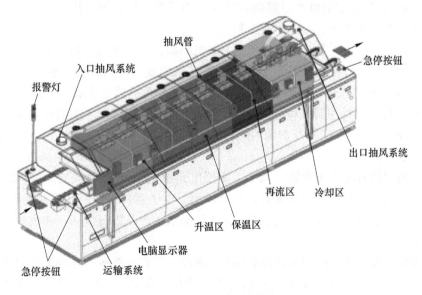

图 7-15 再流焊机的结构

　　加热装置分为预热、保温、再流、冷却，一般有 5 个温区，大型的多达 9~11 个温区，各区无特定界线。空气循环装置由鼓风机使炉内空气形成环流，环流空气吸收发热管发出的热量，使温区间各点热量趋向均衡。传送装置采用链条导轨和输送网带，链条导轨被普遍采用。贴装上零部件的 PCB 放置在链条导轨上，从再流焊入口按一定速度输送到再流焊炉出口，当基板从出口出来时，它的浸锡过程也就结束了，实现 SMA 的焊接。排气系统是在再流焊炉的入口及尾部，各装有一组排气通道与车间外面的抽风机相连，使炉内强制冷却后的废气如锡膏中溶剂助焊剂的挥发物及水蒸气等通过该排气通道排出车间外。冷却系统主要是通过多组多翼扇的强制冷却，使浸锡后的焊锡温度按要求快速降低并凝固，有的多温区后部加有单独的冷却区，用以得到良好的冷却效果。计算机控制系统是使用电脑直接操作设定再流焊炉的参数，主要对各温区温度，传送速度，鼓风机转速设定值进行调节。

　　再流焊的核心环节是将预敷的焊料熔融、再流、浸润。再流焊对焊料加热有不同的方法，就热量的传导来说，主要有辐射和对流两种方式；按照加热区域，可以分为对 PCB 整体加热和局部加热两大类：整体加热的方法主要有红外线加热法、气相加热法、热风加热法、热板加热法，局部加热的方法主要有激光加热法、红外线聚焦加热法、热气流加热法。

　　再流焊机的结构主体是一个热源受控的隧道式炉膛，涂敷了膏状焊料并贴装了元器件的电路板随传动机构直线匀速进入炉膛，顺序通过预热、再流（焊接）和冷却这三个基本温度区域。在预热区内，电路板在 100~160℃ 的温度下均匀预热 2~3min，焊膏中的低沸点溶剂和抗氧化剂挥发，化成烟气排出；同时，焊膏中的助焊剂浸润焊盘、元器件端头和引脚，焊膏软化塌落，覆盖了焊盘和元器件的焊端或引脚，将焊盘、元器件引脚与氧气隔离；PCB 进入保温区时，使电路板和元器件得到充分预热，以防 PCB 进入焊接区因温度突然升高而损坏 PCB 和元器件。当 PCB 进入焊接区时，温度迅速上升使焊膏达到熔化状态，液态焊锡对 PCB 的焊盘、元器件端头和引脚润湿、扩散、漫流或回流混合形成焊锡接点；时间大约 30~90s。当 PCB 从炉膛内的冷却区通过，焊料冷却凝固以后，全部焊点同时完成焊接。

　　再流焊设备可用于单面、双面、多层电路板上 SMT 元器件的焊接，以及在其他材料的电路基板上的再流焊，也可以用于电子器件、组件、芯片的再流焊，还可以对印制电路板进行热风整平、烘干，对电子产品进行烘烤、加热或固化黏合剂。

　　再流焊设备还可以用来焊接电路板的两面：先在电路板的 A 面漏印焊膏，粘贴 SMT 元器件后入炉完成焊接；然后在 B 面漏印焊膏，粘贴元器件后再次入炉焊接。这时，电路板的 B 面朝上，在正常的温度控制下完成焊接；A 面朝下，受热温度较低，已经焊好的元器件不会从板上脱落下来。这种工作状态如图 7-16 所示。

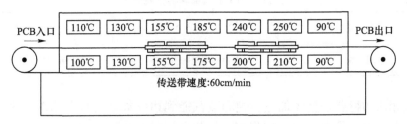

图 7-16 再流焊时电路板两面的温度

7.4.3 再流焊设备的种类与加热方法

再流焊设备的种类有气相法、热板传导、红外辐射、全热风等几种。近年来新开发的激光束逐点式再流焊机，可实现极其精密的焊接，但成本很高。加热的方法主要有红外线加热法、气相加热法、热风加热法、热板加热法。

（1）红外线辐射再流焊。其主要工作原理是在设备的隧道式炉膛内，通电的陶瓷发热板或石英发热管辐射出远红外线，热风机使热空气对流均匀，让电路板随传动机构直线匀速进入炉膛，顺序通过预热、焊接和冷却三个温区，接受辐射转化为热能，达到再流焊所需的温度，焊料浸润，然后冷却，完成焊接，如图 7-17 所示。这种设备成本低，适用于低组装密度产品的批量生产，调节温度范围较宽的炉子也能在点胶贴片后固化贴片胶。红外线辐射再流焊炉的优点是热效率高，温度变化梯度大，温度曲线容易控制，焊接双面电路板时，上、下温度差别大。缺点是电路板同一面上的元器件受热不够均匀，各焊点所吸收的热量不同；体积大的元器件会对小元器件造成阴影使之受热不足。

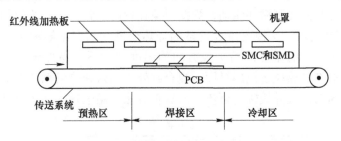

图 7-17 红外线辐射再流焊的工作原理示意图

（2）气相再流焊。其工作原理是加热传热介质氟氯烷系溶剂，使之沸腾产生饱和蒸汽，在焊接设备内，介质的饱和蒸汽遇到温度低的待焊电路组件，转变成为相同温度下的液体，释放出汽化潜热，使膏状焊料熔融浸润，从而使电路板上的所有焊点同时完成焊接。这种焊接方法的介质液体需要有较高的沸点，有良好的热稳定性，不自燃。美国 3M 公司配制的介质液体见表 7-4。

表 7-4　3M 公司配制的介质液体

介　质	FC-70（沸点 215℃）	FC-71（沸点 253℃）
用　途	Sn/Pb 焊料的再流焊	纯 Sn 焊料的再流焊

气相法的特点是整体加热，饱和蒸汽能到达设备里的每个角落，热传导均匀，可形成与产品形状无关的焊接。气相再流焊能精确控制温度，热转化效率高，焊接温度均匀，不会发生过热现象；蒸汽中含氧量低，焊接对象不会氧化，能获得高精度、高质量的焊点。气相再流焊的缺点是介质液体及设备的价格高，介质液体是典型的臭氧层损耗物质，在工作时会产生少量有毒的全氟异丁烯（PFIB）气体，因此在应用上受到极大限制。图 7-18 是气相再流焊设备的工作原理示意图。溶剂在加热器作用下沸腾产生饱和蒸汽，电路板从左往右进入炉膛，受热进行焊接。炉子上方与左右都有冷凝管，将蒸汽限制在炉膛内。

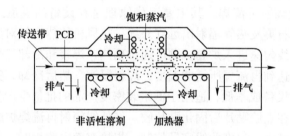

图 7-18　气相再流焊的工作原理示意图

（3）热风对流再流焊。其工作原理是利用加热器与风扇，使炉膛内的空气或氮气不断加热并强制循环流动，焊接对象在炉内受到炽热气体的加热而实现焊接，如图 7-19 所示。这种再流焊设备的加热温度均匀但不够稳定，容易产生氧化，电路板上、下的温差及沿炉长方向的温度梯度不容易控制，一般不单独使用。改进型的红外热风再流焊是同时混合红外线辐射和热风循环对流来加热的方式，也叫热风对流红外线辐射再流焊。这种方法各温区独立调节热量，减小热风

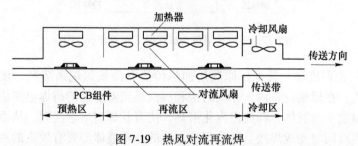

图 7-19　热风对流再流焊

对流，在电路板的下面采取制冷措施，从而保证加热温度均匀稳定，电路板表面和元器件之间的温差小，温度曲线容易控制。

（4）热板传导再流焊。工作原理是利用热板传导来加热的焊接方法。发热器件为板型，放置在传送带下，传送带由导热性能良好的聚四氟乙烯材料制成。待焊电路板放在传送带上，热量先传送到电路板上，再传至铅锡焊膏与贴片元器件上，软钎料焊膏熔化以后，再通过风冷降温，完成贴片元器件与电路板的焊接。这种设备的热板表面温度不能大于300℃。热板再流焊的工作原理见图7-20。

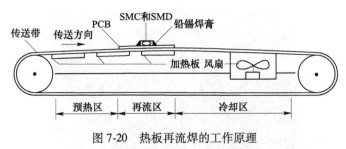

图7-20 热板再流焊的工作原理

热板传导再流焊优点是结构简单，操作方便；缺点是热效率低，温度不均匀，电路板若导热不良或稍厚就无法适应，对普通覆铜箔电路板的焊接效果不好。

（5）激光再流焊。激光再流焊是利用激光束良好的方向性及功率密度高的特点，通过光学系统将 CO_2 或激光束聚集在很小的区域内，在很短的时间内使焊接对象形成一个局部加热区，图7-21是激光再流焊的工作原理示意图。激光再流焊的加热具有高度局部化的特点，不产生热应力，热冲击小，热敏元器件不易损坏，但是设备投资大，维护成本高。

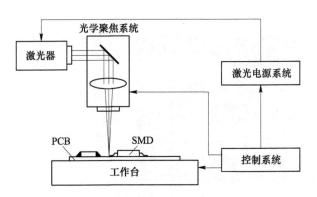

图7-21 激光再流焊的工作原理示意图

7.5　分析再流焊质量缺陷

再流焊质量缺陷主要有以下几种：

（1）桥连。桥连是再流焊后焊锡在毗邻的不同导线或元件之间形成的非正常连接，如图7-22所示。产生桥连的主要原因是焊盘或导线之间的间隔不够大，焊膏太多，焊膏塌落，在焊盘上多次印刷，加热速度过快，温度峰值太高。可通过增加焊膏金属含量或黏度、换焊膏，减小丝网或模板孔径，降低刮刀压力，改用其他印刷方法，调整再焊温度曲线等措施解决。

图 7-22　桥连现象

（2）锡球。锡球现象是印制板上黏附的直径大于 0.13mm 或是距离导线 0.13mm 以内的球状锡颗粒球，如图7-23所示。产生锡球的主要原因是焊接过程中加热速度过快，预热区温度过低，突然进入再流区，焊料合金被氧化，焊膏受潮吸收了水分，焊膏被氧化，PCB 焊盘污染，焊膏过多，由焊膏中溶剂的沸腾而引起的焊料飞溅。可通过调整再流焊温度曲线，降低环境湿度，采用新的焊膏，缩短预热时间，增加焊膏活性，减小贴片压力，减小模板孔径，降低刮刀压力等措施解决。

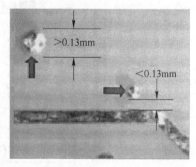

图 7-23　锡球现象

（3）立碑。立碑，又称为吊桥、曼哈顿现象，是片状元件一端焊锡受力出现立起的现象，如图 7-24 所示。产生立碑的主要原因是元件两边的焊膏的印刷量不均匀，润湿力不平衡；焊盘设计与布局不合理，焊盘有一个与地线相连或有一侧焊盘面积过大；贴片位置移位，印刷焊膏的厚度不够，加热速度过快且不均匀造成的。可通过调整印刷参数、采用焊剂含量少的焊膏、增加锡膏印刷厚度、调整再流焊温度曲线、选用可焊性好的焊膏等措施解决。

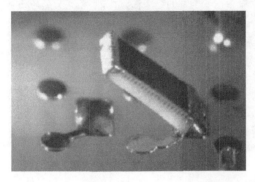

图 7-24　立碑现象

（4）位置偏移。位置偏移这种缺陷主要是焊料润湿不良等综合性原因。贴片位置不对、焊膏黏度不够、焊膏量不够或贴片的压力不够、焊膏中焊剂含量太高，受传送带震动等其他外力影响发生错位，如图 7-25 所示。可通过校正定位坐标，加大焊膏量，增加贴片压力，减少焊膏中焊剂的含量等措施解决。

（5）虚焊。虚焊是元器件电极和焊盘之间没有焊接上，如图 7-26 所示。产生虚焊主要是由于焊盘和元器件可焊性差，印刷参数不正确，再流焊温度和升温速度不当造成的。可通过减小焊膏黏度，检查刮刀压力及速度，调整再流焊温度曲线等措施解决。

图 7-25　位置偏移现象　　　　　　　图 7-26　虚焊现象

（6）冷焊。冷焊是焊接不够牢靠，如图 7-27 所示。产生冷焊主要是加热温度不合适，焊膏变质，预热过度，时间过长或温度过高造成的。可通过改造加热设施，调整再流焊温度曲线，注意焊膏冷藏，弃掉焊膏表面变硬或干燥部分等措施解决。

（7）锡量过多。锡量过多现象如图 7-28 所示。产生锡量过多主要是漏印丝网或模板孔径过大，焊膏黏度小造成的。可通过扩大漏印丝网和模板孔径，增加焊膏黏度等措施解决。

图 7-27　冷焊现象

图 7-28　锡量过多现象

（8）锡量不足。锡量不足现象如图 7-29 所示。产生锡量不足主要是焊膏不够，焊盘和元器件焊接性能差，再流焊时间短造成的。可通过扩大漏印丝网和模板的孔径，改用焊膏或重新浸渍元器件，加长再流焊时间等措施解决。

图 7-29　锡量不足现象

（9）不润湿。不润湿现象如图 7-30 所示。产生不润湿的主要是焊盘、引脚

图 7-30　不湿润现象

可焊性差，助焊剂活性不够，焊接表面有油脂类污染物质，焊盘、引脚发生了氧化造成的。可通过严格控制元器件、PCB 的来料质量，确保可焊性良好，改进工艺条件等措施解决。

（10）开路。开路现象如图 7-31 所示。产生开路的主要是器件引脚共面性差或个别焊盘或引脚氧化严重造成的。可通过对细间距的 QFP 操作要特别小心，避免造成引脚变形，同时严格控制引脚的共面性，严格控制物料的可焊性等措施解决。

（11）芯吸现象。芯吸现象又称抽芯现象，是焊料脱离焊盘沿引脚上行到引脚与芯片本体之间，会形成严重的虚焊芯吸现象，如图 7-32 所示。产生芯吸现象的主要是引脚的导热率过大，升温迅速，以致焊料优先润湿引脚，焊料与引脚之间的润湿力远大于焊料与焊盘之间的润湿力造成的。可通过调整温度控制曲线加以解决。

图 7-31　开路现象

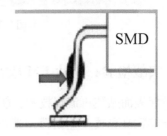

图 7-32　芯吸现象

（12）焊点空洞。焊点空洞现象如图 7-33 所示。产生焊点空洞的主要是焊膏中助焊剂比例过大，预热温度低，焊接时间短，助焊剂中的溶剂不能完全挥发造成的。可通过减小焊膏中助焊剂比例，提高预热温度，增加焊接时间等措施加以解决。

（13）元件破裂。元件破裂现象如图 7-34 所示。产生元件破裂的主要是元件与板材之间的热不匹配，焊接温度高，冷却速度快造成的。可通过减小焊接温度和时间，减慢冷却速度等措施解决。

图 7-33　焊点空洞现象

图 7-34　元件破裂现象

（14）助焊剂残留。助焊剂残留现象如图 7-35 所示。产生助焊剂残留的主要是助焊剂比例大，松香树脂含量多，清洗不好，焊接温度参数控制不好，助焊剂未能有效挥发掉造成的。可通过减少助焊剂比例，加强清洗，调整焊接温度参数控制曲线等措施解决。

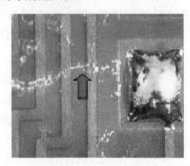

图 7-35　助焊剂残留现象

7.6　实战检验：贴片 FM 收音机表面贴装再流焊

掌握表面贴装再流焊技术，能够适应现代高科技电子产品生产企业的岗位需要，能够在高科技企业驰骋，为企业高质量进行电子产品的生产发挥技能优势，进行贴片机的工艺控制和回流焊炉的焊接质量监控，成为受企业欢迎的高技能人才。

7.6.1　明确任务

（1）对照印制电路板及元件装配图（图 7-36），通过预先做好的模板进行锡膏印刷。

（2）印刷好焊膏的印制电路板送入贴片机，按照预先编号的贴装顺序，自动进行元件贴装。

（3）对装配好元器件的印制电路板送入再流焊机进行再流焊。

7.6.2　进行表面贴装电子元器件的装焊

（1）先印刷焊膏。在印刷之前，要把焊膏、模板、PCB 板准备好。然后进行模板安装和定位。把检查过的模板装在印刷台上，上紧螺栓，把需要贴装的电路板放到印刷台面上，对准定位。移动电路板，将电路板上的一些大的焊盘和模板的开口对准，再用印刷台微调螺栓调准。现在可以进行焊膏印刷了。把焊膏放在模板前端，用刮板从焊膏的前面向后均匀地刮动，刮刀角度呈 45°～60°，刮完后将多余的焊膏放回模板的前端。抬起模板，将印好的焊膏 PCB 取下来进行下一步贴片。

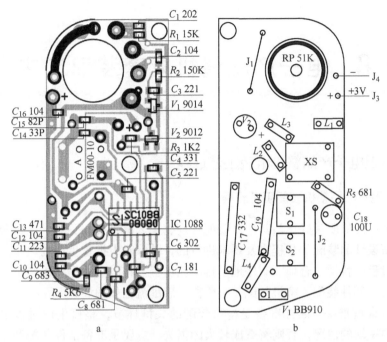

图 7-36 贴片 FM 收音机印制电路板安装图
a—SMT 贴片；b—THT 安装

（2）进行表面贴装电子元器件的装贴。将需要的各种贴片元件料盘安装在供料架上，根据贴装元件及位置要求，仔细观察电路板，开启贴片机总电源及气泵，把电路板通过导轨送入贴片机中，设定好原点，在贴片机操作电脑中的贴片机界面上编制贴片程序，然后将印刷好锡膏的电路板送入贴片机传送入口处，并按贴片机开始键进行自动贴片。

（3）进行再流焊。先进行再流焊设备的准备，接通电源，在再流焊机操作电脑上设置各温区的温度和时间，然后将已贴装好片状元件的电路板置入工件盘，按"再流焊"键，工件即自动进入加热炉内，按设定的工艺条件依次完成预热、焊接和冷却后，自动从加热炉内退出。

8 电子产品整机成套装配工艺

8.1 认识电子产品整机组装工艺过程

8.1.1 电子产品整机装配工艺流程

电子产品的质量好坏与其生产装配管理、工艺有直接的关系。整机装配是依据产品所设计的装配工艺程序及要求进行的，并针对大批量生产的电子产品的生产组织过程，科学、合理、有序地安排工艺流程。将电子产品整机装配工艺分为装配准备、部件装配、整机装配三个阶段。装配流程如图 8-1 所示。

（1）装配准备。装配准备是整机装配的关键环节，整机生产过程中不允许出现材料短缺的情况，否则将造成较大的损失，主要是准备部件装配和整机装配所需要的零部件、工装设备、材料，以及进行人员定位及流程的安排。具体的准备内容如下：

1）工艺文件准备，指技术图样、材料定额、调试技术文件、设备清单等技术资料的准备。

2）工具仪器的准备，指整个生产过程装配准备中各个岗位应使用的工具、工装和测试仪器的准备，并用专门人员调试配送到工位。

3）材料零部件准备，指对所生产的产品使用的材料、元器件、外协部件、线扎进行预加工、预处理、清点，如元器件成型与引线挂锡，线扎加工等。各种备件应按照产品生产数量的要求做好准备。

（2）印制电路板装配。印制电路板装配应属于部件准备，但是由于比较复杂，技术水平要求高，所有电子产品生产中印制电路板装配是产品质量的核心，因此采用单独管理或外加工的方式。检验与电路调试是必要的过程，无论是自己装配的电路板还是由外面加工来的印制电路板，在整机装配前需要对各项技术参数进行测试，以保证整机质量。

（3）整机装配。整机是由合格的部件、材料、零件经过连接紧固而成。再经过对整机的检验和调试才能成为可出售的产品。

电子产品的生产要求企业生产体制完整，技术人员水平高，生产设备齐全。同时要求工艺文件完备，技术工人严格依据技术文件操作，完成整机的装配工作。

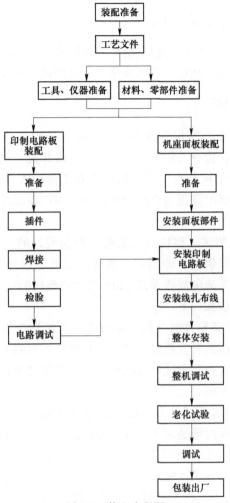

图 8-1 装配流程图

8.1.2 产品加工生产流水线

（1）生产线与流水节拍。产品加工生产流水线就是把一部整机的装联划分成简单的工序，每一个工序指装配工人完成指定操作任务。操作的工序划分时，要注意每人操作所用的时间应大致相等，这个时间段被称为流水的节拍。

（2）流水线的工作方式。电子产品的装配流水线有两种工作方式，自由节拍式和强制节拍式。自由节拍式是由操作者控制流水线的节拍，完成操作工艺。这种方式的时间安排比较灵活，但生产效率低。强制节拍式是产品在流水线上运行，每个操作工人必须在规定时间内把所要求的装配工作在规定的时间内完成，这种方式带有一定的强制性，但生产效率高，一般工作内容简单、动作单纯，记忆方便，可减少差错，提高工效。

8.2　电子产品整机的调试工艺

整机调试是为了保证整机的技术指标和设计要求，把经过动静态调试的各个部件组装在一起进行相关测试，以解决单元部件调试中不能解决的问题。

8.2.1　整机调试的步骤

（1）整机外观检查。整机外观检查主要检查外观部件是否完整，拨动是否灵活。以收音机为例，检查天线、电池夹子、波段开关、刻度盘等项目。

（2）整机的内部结构检查。内部结构检查主要检查内部结构装配的牢固性和可靠性。例如电视机电路板与机座安装是否牢固；各部件之间的接插线与插座有无虚接；尾板与显像管是否插牢。

（3）整机的功耗测试。整机功耗是电子产品设计的一项重要技术指标，测试时常用调压器对整机供电，即用调压器将交流电压调到 220V，测试正常工作整机的交流电流，将交流电流值乘以 220V 得到该整机的功率损耗。

整机调试的具体步骤如下：

1）通电检查。设备整体通电前应先检查电源极性是否正确，输出电压值是否正确，可以先将电压调至较低值，测试没有问题后再调至要求值。对于被测试的设备在通电前必须检查被调试单元电路板、元器件之间有无短路、有没有错误连接。一切正常方可通电。

2）电源调试。电源调试分为空载调试与有载调试。空载调试主要检查输出电压是否稳定，数值和波形是否达到设计要求，避免电源电路未经调试就加在整机上而引起整机中电子元器件的损坏。有载调试常常是在初调正常后加额定负载，测试并调整电源的各项性能参数，使其带负载能力增强，达到最佳的值。

3）整机调试。对于整机，是将各个调试好的小单元进行组装形成的，因此其性能参数会受到影响，所以整机装配好后应对各单元的指标参数进行调整，使其符合整机要求。整机调试常常分为静态调试和动态调试。静态调试是测试直流工作状态，分立元器件电路即测试电路的静态工作点，模拟集成电路是测试其各脚对地的电压值、电路耗散功率，对于数字电路应测试其输出电平。动态调试是测试加入负载后电路的工作状况，可以采用波形测试及瞬间观测法等，确定电路是否能够正常工作。

4）整机技术指标测试。按照整机技术指标要求，对已经调整好的整机技术指标进行测试，判断是否达到质量技术要求，记录测试数据、分析测试结果，写出测试报告。

5）例行试验。按工艺要求对整机进行可靠性试验、耐久性试验，如：振动试验、低温运行试验、高温运行试验、抗干扰试验等。

6）整机技术指标复测。依然按照整机技术指标要求，对完成例行试验的产品进行整机技术指标测试，记录测试数据、分析测试结果，写出测试报告。与整机技术指标测试结果进行对比，对例行试验后合格产品包装入库。

8.2.2 调试的过程

调试技术包括调整和测试两个过程。调整主要是对电路性能参数的调整，使电路达到预定的功能和性能要求。测试主要是对电路的各项技术指标和功能进行测量和试验，与设计的性能指标进行比较，以使电路达到设计要求。调试具体过程如下：

（1）通电前的外观及装配完整性检查。

（2）通电进行调试，包括通电观察、静态调试和动态调试。

（3）整机调试，包括外观检查、结构调试、通电检查、电源调试、整机统调、整机技术指标综合测试及例行试验等。

8.3 电子产品整机的质检

质量检验是生产过程中必要的工序，是保证产品质量的必要手段。检验极其重要，它伴随产品生产的整个过程。检验工作应执行三级检验制，即自检、互检、专职检验。一般讲的检验是指专职检验，即由企业质量部门的专职人员对产品所需的一切原材料、元器件、零部件、整机等进行观测、比较和判断。

8.3.1 整机检验的方法

电子产品的整机检验方法分为全检和抽检两种。具体采用哪种方法，要根据产品的特点、要求及生产阶段等情况决定，即要保证产品的质量。

（1）全检。全检是对生产的所有产品逐个进行检验，一个不漏。对一些可靠性要求非常严格的军工产品、试制产品和生产工艺改变后的产品必须进行全检。

（2）抽检。抽检是从生产的产品中抽取一部分进行检验。有些产品没有必要一一进行检验，特别是对大批量生产的电子产品，一般都采用抽检。抽检应在产品设计成熟、工艺规范、设备稳定、工装可靠的前提下进行。抽取样品的量应根据《产品质量一次计数监督抽样检验程序及抽样表》（GB/T 14437—1997）抽样标准和待检产品的基数确定。样品抽取时不应从连续生产的样品中抽取，而应从该批产品中任意抽取，抽检的结果要做好记录。不同质量要求的产品，其质量标准也不同，检验时要根据被检产品的检验标准来判断待检产品合格与否。

8.3.2 验收检验的内容

（1）入库前的检验。产品生产所需的原材料、元器件、外协件等，在包装、存放、运输过程中有可能会出现变质或者有的材料本身就不合格。所以入库前的检验就成为产品质量可靠性的重要前提。因此，这些材料入库前应按产品技术条件、技术协议进行外观检验或有性能指标的测试，检验合格后方可入库。对判定为不合格的材料则不能使用，并进行严格隔离，以免混料。

（2）生产过程中的检验。检验合格的元器件、原材料、外协件在部件组装、整机装配过程中，可能因操作人员的技能水平、质量意识及装配工艺、设备、工装等因素的影响，使组装后的部件、整机有时不能完全符合质量要求。因此对生产过程中的各道工序都应进行检验，并采用操作人员自检、生产班组互检和专职人员检验相结合的方式。自检就是操作人员根据工序工艺指导卡对自己所装的元器件、零部件的装接质量进行检查，要求对不合格的部件应及时调整或更换，避免流入下道工序。互检就是下道工序对上道工序的装调质量是否符合质量要求的检查，对有问题的部件应及时反馈给上道工序，决不在不合格部件上进行工序操作。专职检验一般为部件、整机的后道工序。检验时应根据检验标准，对部件、整机生产过程中各装调工序的质量进行综合检查。检验标准一般以文字、图样形式表达，对一些不便用文字、图样表达的缺陷，应使用实物建立标准样品作为检验的依据。

（3）整机检验。整机检验是产品经过总装、调试后是否达到预期功能要求和技术指标的检查过程。整机检验主要包括直观检查、功能检验和主要性能指标测试等内容。具体检验内容如下：

1）直观检查。直观检查是通过人的肉眼进行观察，包括外观是否整洁，机壳、面板表面的涂覆层、铭牌、标志是否齐全，有无损坏和划伤；产品各种连接装置是否完好，结构件有无变形、断裂损坏的，转动机构有无失灵现象，控制开关是否好用等。

2）功能检验。功能检验就是对产品的各项功能按设计要求进行检查。不同的产品有不同的检验内容和要求。例如对收音机，应检查收音、功放、电平指示等功能。收音机一般通过功能操作及视听方式进行检查，视听过程应注意声音是否失真、有无噪声等，还要注意各波段控制键的操作是否正常。

3）主要性能指标的测试。此项是整机检验的主要内容之一。现行国家标准规定了各种电子产品的基本参数及测量方法，通过检验判断产品是否达到了国家和企业的技术标准。检验中一般只对其主要性能指标进行测试。

8.4　识读与编制电子工艺文件

8.4.1　电子产品工艺文件的作用

工艺图和工艺文件是指导操作者生产、加工、操作的依据，对照工艺图，操作者都应该能够知道产品是什么样子，怎样把产品做出来，但不需要对它的工作原理过多关注。工艺文件一般包括生产线布局图、产品工艺流程图、实物装配图、印制板装配图等。

电子产品工艺文件的作用：（1）组织生产，建立生产秩序；（2）指导技术，保证产品质量；（3）编制生产计划，考核工时定额；（4）调整劳动组织；（5）安排物资供应；（6）工具、工装、模具管理；（7）经济核算的依据；（8）执行工艺纪律的依据；（9）历史档案资料；（10）产品转厂生产时的交换资料；（11）各企业之间进行经验交流。

对于组织机构健全的电子产品制造企业来说，上述工艺文件的作用也正是各部门的职责与工作依据。为生产部门提供规定的流程和工序，便于组织有序的产品生产；按照文件要求组织工艺纪律的管理和员工的管理；提出各工序和岗位的技术要求和操作方法，保证生产出符合质量要求的产品。质量管理部门检查各工序和岗位的技术要求和操作方法，监督生产符合质量要求的产品。生产计划部门、物料供应部门和财务部门核算确定工时定额和材料定额，控制产品的制造成本。资料档案管理部门对工艺文件进行严格的授权管理，记载工艺文件的更新历程，确认生产过程使用有效的文件。

8.4.2 电子产品工艺文件的分类

根据电子产品的特点，工艺文件主要包括产品工艺流程、岗位作业指导书、通用工艺文件和管理性工艺文件几大类，工艺流程是组织产品生产必需的工艺文件。岗位作业指导书和操作指南是参与生产的每个员工、每个岗位都必须遵照执行的；通用工艺文件如设备操作规程、焊接工艺要求等，力求适用于多个工位和工序；管理性工艺文件如现场工艺纪律、防静电管理办法等。

（1）基本工艺文件。基本工艺文件是供企业组织生产、进行生产技术准备工作的最基本的技术文件，它规定了产品的生产条件、工艺路线、工艺流程、工具设备、调试及检验仪器、工艺装备、工时定额。一切在生产过程中进行组织管理所需要的资料，都要从中取得有关的数据。基本工艺文件应包括零件工艺过程和装配工艺过程。

（2）指导技术的工艺文件。指导技术的工艺文件是不同专业工艺的经验总结，或者是通过试生产实践编写出来的用于指导技术和保证产品质量的技术条件，主要包括专业工艺规程、工艺说明及简图、检验说明（方式、步骤、程序等）。

（3）统计汇编资料。统计汇编资料是为企业管理部门提供的各种明细表，作为管理部门规划生产组织、编制生产计划、安排物资供应、进行经济核算的技术依据，主要包括专用工装、标准工具、工时消耗定额。

（4）管理工艺文件用的格式。管理工艺文件用的格式主要有工艺文件封面、工艺文件目录、工艺文件更改通知单、工艺文件明细表等。

8.4.3 电子产品工艺文件的成套性

电子产品工艺文件的编制应该根据产品的生产性质、生产类型，产品的复杂程度、重要程度及生产的组织形式等具体情况，按照一定的规范和格式编制配套齐全，即应该保证工艺文件的成套性。电子行业标准《工艺文件的成套性》（SJ/T 10324—1992）对工艺文件的成套性提出了明确的要求，分别规定了产品在设计定型、生产定型、钽电容样机试制或一次性生产时的工艺文件成套性标准；电子产品大批量生产时，工艺文件就是指导企业加工、装配、生产路线、计划、调度、原材料准备、劳动组织、质量管理、工模具管理、经济核算等工作的主要技术依据，所以工艺文件的成套性在产品生产定型时尤其应该加以重点审核。通常，整机类电子产品在生产定型时至少应具备下列几种工艺文件：工艺文件封面；工艺文件明细表；装配工艺过程卡片；自制工艺装备明细表；材料消耗工艺定额明细表；材料消耗工艺定额汇总表。

电子产品工艺文件的成套性要求见表 8-1；电子产品工艺文件简号规定见表8-2。

表 8-1　电子产品工艺文件的成套性要求

序号	工艺文件名称	产品		产品的组成部分		
		成套设备	整机	整件	部件	零件
1	工艺文件封面	○	●	○	○	—
2	工艺文件明细	○	●	○	—	—
3	工艺流程图	○	○	○	○	—
4	加工工艺过程卡	—	—	—	○	●
5	塑料工艺过程卡片	—	—	—	○	○
6	陶瓷、金属压铸和硬模铸造工艺过程卡片	—	—	—	○	○
7	热处理工艺卡片	—	—	—	○	○
8	电镀及化学涂敷工艺卡片	—	—	—	○	○
9	涂料涂敷工艺卡片	—	—	○	○	○
10	元器件引出端成形工艺表	—	—	○	○	—
11	绕线工艺卡	—	—	—	○	○
12	导线及线扎加工卡	—	—	—	○	○
13	贴插编带程序表	—	—	—	○	○
14	装配工艺过程卡片	—	●	●	●	○
15	工艺说明	○	○	○	○	○
16	检验卡片	○	○	○	○	○

序号	工艺文件名称	产 品		产品的组成部分		
		成套设备	整机	整件	部件	零件
17	外协作明细表	○	○	○	—	—
18	配套明细表	○	○	○	○	—
19	外购工艺装备汇总表	○	○	○	—	—
20	材料消耗工艺定额明细表	—	●	●		
21	材料消耗工艺定额汇总表	○	●	●		
22	能源消耗工艺定额明细表	○	○	○	—	—
23	工时、设备台时工艺定额明细表	○	○	○	—	—
24	工时、设备台时工艺定额汇总表	○	○	○	—	—
25	工序控制点明细表	—	○	○		
26	工序质量分析表	—	○	○	○	○
27	工序控制点操作指导卡片	—	○	○	○	○
28	工序控制点检验指导卡片	—	○	○	○	○

注：●为必需的；○为可选的；—为没有。

表 8-2　电子产品工艺文件简号规定

序号	工艺文件名称	简号	字母含义	序号	工艺文件名称	简号	字母含义
1	工艺文件目录	GML	工目录	9	塑料压制件工艺卡	GSK	工塑卡
2	工艺路线表	GLB	工路表	10	电镀及化学镀工艺卡	GDK	工镀卡
3	工艺过程卡	GGK	工过卡	11	电化涂敷工艺卡	GTK	工涂卡
4	元器件工艺表	GYB	工元表	12	热处理工艺卡	GRK	工热卡
5	导线及扎线加工表	GZB	工扎表	13	包装工艺卡	GBZ	工包装
6	各类明细表	GMB	工明表	14	调试工艺	GTS	工调试
7	装配工艺过程卡	GZP	工装配	15	检验规范	GJG	工检规
8	工艺说明及简图	GSM	工说明	16	测试工艺	GCS	工测试

8.4.4　典型岗位作业指导书的编制

岗位作业指导书是指导员工进行生产的工艺文件，编制作业指导书，要注意以下几点：

（1）为便于查阅、追溯质量责任，作业指导书必须写明产品（如有可能，尽量包括产品规格及型号）以及文件编号。

（2）必须说明该岗位的工作内容，对于操作人员，最好在指导书上指明操作的部位。

（3）写明本工位工作所需要的原材料、元器件和设备工具以及相应的规格、型号及数量。

（4）有图纸或实物样品加以指导的，要指出操作的具体部位。

（5）有说明或技术要求以告诉操作人员怎样具体操作以及注意事项。

（6）工艺文件必须有编制人、审核人和批准人签字。

一般，一件产品的作业指导书不止一张，有多少工位就应有多少张作业指导书，因此，每一产品的作业指导书要汇总在一起，装订成册，以便生产使用。

8.5　实战检验：数字万用表整机装配调试

掌握电子产品整机成套装配工艺技术，对电子产品整机的整个生产流程和工艺都有了很好的认识，不但可以成为一名优秀的操作技术人员，适应各种岗位的工作，还能进行生产现场的工艺技术管理，成为一名优秀的企业管理者。

8.5.1　明确任务

根据印制电路板及元件装配板图，对照材料清单（表 8-3），制定 DT-830B 型数字万用表整机装配工艺流程，进行 DT-830B 型数字万用表整机装配，装好后进行整机调试。DT-830B 型数字万用表套件如图 8-2 所示。DT-830B 型数字万用表装配板图如图 8-3 所示。

表 8-3　DT-830B 型数字万用表元件装配清单

序号	名　称	规　格	数量/个	安装位
1	电路板	DT-830B	1	
2	集成块	CS7106AGP	1	IC（已固定好）
3	液晶层	KWT1709	1	LCD
4	晶体管	C9013	1	Q
5	1/4W 五色环电阻	0.99Ω	1	R_{23}
6	1/4W 五色环电阻	9Ω	1	R_{22}
7	1/4W 五色环电阻	100Ω	1	R_{21}
8	1/4W 五色环电阻	909Ω	1	R_{20}
9	1/4W 五色环电阻	$1.5k\Omega$	1	R_{13}

续表 8-3

序号	名　　称	规　　格	数量/个	安装位
10	1/4W 五色环电阻	9kΩ	2	R_{19}、R_{15}
11	1/4W 五色环电阻	90.9kΩ	1	R_{18}
12	1/4W 五色环电阻	352kΩ	1	R_{17}
13	1/4W 五色环电阻	548kΩ	1	R_{16}
14	1/4W 四色环电阻	10Ω	1	R_{10}
15	1/4W 四色环电阻	910Ω	1	R_{11}
16	1/4W 四色环电阻	20kΩ	1	R_{14}
17	1/4W 四色环电阻	100kΩ	1	R_1
18	1/4W 四色环电阻	220kΩ	3	R_9、R_8、R_2
19	1/4W 四色环电阻	300kΩ	1	R_4
20	1/4W 四色环电阻	1MΩ	4	R_7、R_6、R_5、R_3
21	可调电阻	200Ω	1	R_{12}
22	二极管	1N4007	1	D
23	瓷片电容	100	1	C_1
24	独石电容	0.1μF	4	C_2、C_3、C_4、C_5
25	电解电容	4.7μF/50V	1	C_6
26	镀银电感	1.5×38mm	1	L
27	导电胶条	56×6mm×2mmYP	1	LCD 和 PCB 板之间
28	保险管	0.25A	1	FUSE
29	保险管卡	5mm	2	FUSE
30	电池扣	9V 扣	1	从 PCB 圆孔穿入焊在 BT 位
31	晶体管插座	1 号管插	1	CZ
32	表笔插管	φ4.0×8mm	3	V/R/MA、COM、10ADC
33	五金配件弹簧	φ2.8×3.5mm	2	旋钮正面左右边孔内
34	五金配件钢珠	φ3.2mm	2	放于弹簧上部
35	V 型弹片	AS1#	6	安装旋钮底下的腔位
36	螺丝	PA2.3×6mm	5	四个固定 PCB 板
37	螺丝	PA2.3×10mm	2	固定后盖
38	EVA 单面胶垫	15×10×4mm	1	贴于 LCD 上，定位导电条
39	表笔	830#	1	
40	电池	9V（NEDA1604/6F22）	1	
41	塑胶件	面壳、底壳	各 1	
42	塑胶件	旋钮、电池盖	各 1	

图 8-2　DT-830B 型数字万用表套件

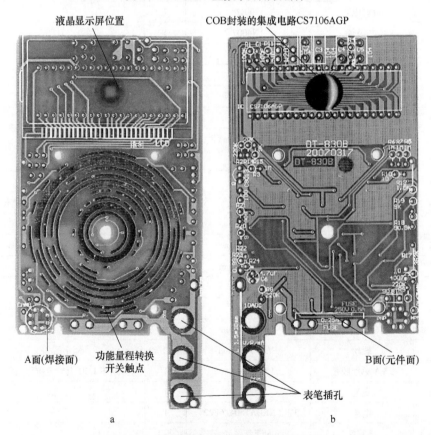

图 8-3　DT-830B 型数字万用表装配板图
a—A 面焊接面；b—B 面元件面

8.5.2　整机装配的工艺设计

DT-830B 数字万用表由机壳塑料件（包括前后盖和旋钮）、印制板部件（包括插口）、液晶屏及表笔等组成，整机装配应先从电路板组装开始，然后进行整机组装。组装是否成功的关键是装配印制板部件，整机安装工艺流程如图 8-4 所示。

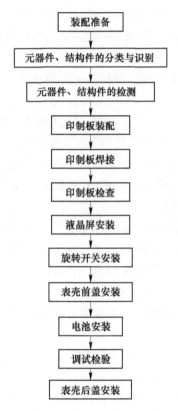

图 8-4　DT-830B 数字万用表安装流程图

8.5.3　进行元器件的检测与准备

（1）进行元器件、结构件的分类与识别。按照 DT-830B 数字万用表的"元件装配清单"中列出的元器件、结构件，对元器件和结构件进行分类和识别。电阻器类 23 只；电容器类 6 只；电感类 1 只；二极管类 1 只；晶体管类 1 只；液晶屏 1 块；导电胶条 1 条；保险管 1 只；电池 1 只。PCB 板 1 块（集成电路已绑定好）；保险管卡 2 只；电池扣 1 个；晶体管插座 1 只；表笔插管 3 只；五金配件钢珠 2 只；五金配件弹簧 2 只；V 型弹片 6 只；螺丝 7 只；EVA 单面胶垫 1

只；表笔 1 套；前后面壳各 1 个；旋钮 1 个；电池盖 1 个。

（2）进行元器件、结构件的检测。元器件检测可通过万用表等测量仪器完成对元器件的检测。结构件的检测只有 PCB 板的印制导线可通过万用表对其通断进行检测之外，其余各结构件只能肉眼直观检查。

8.5.4　进行电路板的装配焊接

按照给出的 DT-830B 数字万用表印制板和元器件分布图，对照"元件装配清单"进行元器件装配焊接。DT-830B 数字万用表印制板是一块双面板，双面板的 A 面是焊接面，中间环形印制铜导线是万用表的功能和量程转换开关电路部分，这部分在装配时需要小心加以保护，不得划伤或有污渍。

（1）元器件安装过程。元器件引线成型→元器件插装→元器件引线焊接。

（2）元器件安装顺序。应从小到大，从低到高，将 DT-830B 数字万用表元器件清单上所有元器件按安装顺序插焊到印制电路板相应位置上。采用手工独立插装方式，焊接采用 20W 内热式电烙铁进行手工焊接。如电阻器→二极管→电容器→晶体管→电感器→保险座→电池线→弹簧。

（3）元器件安装步骤如下：

1）安装电阻、二极管和电容器。安装电阻、电容器、二极管时，如果安装孔距较大，宜采用卧式安装（如 R_{13}、R_{16}、R_{17}），如果孔距较小，则采用立式安装（如 R_8、R_9、R_{18} 等）。一般的片状电容宜采用立式安装。电解电容、二极管、晶体管采用立式安装，安装时注意极性。

2）安装电位器、晶体管插座。晶体管插座安装在 A 面而且应使定位凸点与外壳对准，注意安装方向，在 B 面焊接。

3）安装保险座、L、弹簧。这些件的焊点较大，注意预焊和焊接的时间。L 的安装高度要注意，不要超过 7mm。

4）安装电池线。电池线由 A 面（焊接面）晶体管座旁边孔穿过到 B 面（元件面）再插入焊孔，在 A 面进行焊接。红线接"+"，黑线接"−"。

8.5.5　进行整机的装配

（1）进行液晶屏组件的安装。安装过程为：

1）液晶屏组件由液晶屏、导电胶条和 EVA 胶垫组成。液晶屏的镜面为正面，用来显示字符，白色面为背面，在两个透明条上可见条状的引线为引出电极，通过导电胶条与印制板上镀金的印制导线实现电气连接。由于这种连接靠表面接触导电，因此导电面若被污染或接触不良会引起电路故障，表现为显示缺笔画或显示为乱字符，所以在进行安装时，务必保持清洁并仔细对准引线位置。EVA 胶垫是用来固定液晶屏和导电胶条的。

2）安装时，将万用表前壳平面向下置于桌面，从旋钮圆孔两边垫起约 5mm。将液晶屏放入窗口内，白面向上，方向标记在右方。用镊子（不要用手拿）把导电胶条放入液晶屏 PIN 脚处，注意保持导电胶条的清洁。再用 EVA 胶垫紧靠导电胶条贴在液晶屏上，固定住导电胶条，如图 8-5 所示。

图 8-5　安装液晶屏和导电胶条

（2）进行转换旋钮的安装。转换开关由塑壳和簧片组成，安装步骤如下：

1）使用镊子将 V 形簧片装到塑壳旋钮内，注意两个簧片的位置是不对称的。弹簧易变形，用力要轻。

2）装完弹簧片把旋钮翻过来，将两个小弹簧放入旋钮两圆孔，再把两个小钢珠放在表壳合适的位置上。

3）将装好弹簧的旋钮按正确方向放入表壳。小弹簧和 V 形弹片的安装如图 8-6 所示。

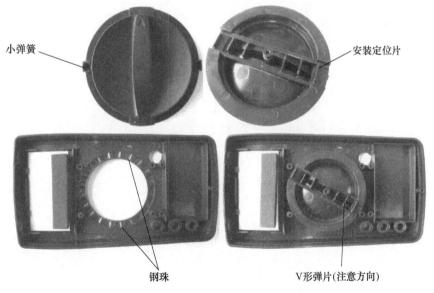

图 8-6　小弹簧和 V 形弹片的安装图

（3）进行印制板固定及其他元部件安装。将印制板对准位置 B 面朝上装入表前壳，注意要对准螺孔和转换开关轴的定位孔，并用四个螺钉紧固好。装上保险管和电池，转动旋钮，液晶屏应正常显示。

（4）进行校准检验。数字万用表的功能和性能指标由集成电路的指标和合理选择外围元器件得到保证。以集成电路 GS7106AGP 为核心构成的数字万用表基本量程为 200mV 档，其他量程和功能均为基本量程通过相应转换电路得到。校准时只需对参考电压 100mV 进行校准即可保证基本精度。具体校准操作如下：

1）在装万用表后盖前将转换开关置于 200mV 电压档，注意此时固定转换开关的 4 个螺钉还有 2 个未装，转动开关时应按住保险管座附近的印制板，防止在开关转动时将滚珠滑出。将红黑表笔分别插入面板上的"VΩ"和"COM"孔内，测量集成电路第 35 引脚和第 36 引脚之间的基准电压，具体操作时可将表笔接到电阻 R_2 和 R_{11} 引线上测量，调节表内的电位器 R_{12}（W201），使表显示为 100mV即可。

2）另一种校准方法：在装万用表的后盖前，将转换开关置于 2V 电压档（注意防止开关转动时将滚珠滑出），此时，用待校准表和另一个已校准好的或 4位半以上的数字表测量同一个电压值（例如测量直流稳压电源的电压），仔细调节表内的电位器 R_{12}，使两块表显示的数字一致即可。

（5）进行最后总装。在检测完后，盖上万用表后盖，安装后盖 3 个螺丝钉，合上电池盖。至此，整机装配完毕。

参 考 文 献

[1] 牛百齐，周新虹，王芳．电子产品工艺与治理管理［M］．北京：机械工业出版社，2018.

[2] 王卫平．电子产品制造工艺［M］．北京：高等教育出版社，2011.

[3] 张俭，刘勇．电子产品生产工艺与调试［M］．北京：电子工业出版社，2016.

[4] 廖芳．电子产品制作工艺实训［M］．北京：电子工业出版社，2012.

[5] 李宗宝．电子产品生产工艺［M］．北京：机械工业出版社，2011.

[6] 辜小兵．SMT工艺［M］．北京：高等教育出版社，2012.

[7] 蔡建军．电子产品工艺与标准化［M］．北京：北京理工大学出版社，2012.

[8] 王成安．电子产品生产工艺与生产管理［M］．北京：北京邮电大学出版社，2010.

[9] 徐中贵．电子产品生产工艺与管理［M］．北京：北京大学出版社，2015.

[10] 王天曦，王豫明．贴片工艺与设备［M］．北京：电子工业出版社，2008.

[11] 万少华．电子产品结构与工艺［M］．北京：北京邮电大学出版社，2008.

[12] 吴懿平，鲜飞．电子组装技术［M］．武汉：华中科技大学出版社，2006.

[13] 赵便华．电子产品工艺与管理［M］．北京：机械工业出版社，2010.

[14] 张文典．实用表面贴装技术［M］．北京：电子工业出版社，2010.